品格的力量

[英] 塞缪尔·斯迈尔斯 著　文轩 译

THE STRENGTH
OF
CHARACTER

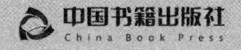

中国书籍出版社
China Book Press

图书在版编目（CIP）数据

品格的力量/（英）塞缪尔·斯迈尔斯著；文轩译.—北京：中国书籍出版社，2016.9

ISBN 978-7-5068-5897-7

Ⅰ.①品… Ⅱ.①塞… ②文… Ⅲ.①个人—修养—通俗读物 Ⅳ.① B825-49

中国版本图书馆 CIP 数据核字（2016）第 247060 号

品格的力量

（英）塞缪尔·斯迈尔斯　著，文轩　译

图书策划	牛　超　崔付建
责任编辑	戎　骞
责任印制	孙马飞　马　芝
出版发行	中国书籍出版社
地　　址	北京市丰台区三路居路 97 号（邮编：100073）
电　　话	（010）52257143（总编室）（010）52257140（发行部）
电子邮箱	eo@chinabp.com.cn
经　　销	全国新华书店
印　　刷	北京富达印务有限公司
开　　本	880 毫米 × 1230 毫米　1/32
字　　数	270 千字
印　　张	8.75
版　　次	2017 年 1 月第 1 版　2017 年 1 月第 1 次印刷
书　　号	ISBN 978-7-5068-5897-7
定　　价	38.00 元

版权所有　翻印必究

作者序

我于1856年写成了《自己拯救自己》，三年后荣幸出版。而对于此书的创作完全基于一个偶然的机遇。那时我在利兹市的一个临时霍乱病房里给穷困无依的年轻人演讲，并试图把"我们自己的手掌握着人生的幸福，只有靠不懈的努力、修身养性、自我磨炼和自控自制才能达到我们的幸福"这样一个道理灌输给他们。而这个道理的基础是诚信、正直和恪尽职守。而人类最优秀的品格便是由这些因素构成的。

这次演讲取得了很好的成效，这完全出乎我的意料。后来听过我讲座的年轻人，无论在什么事上面都能讲信用、负责任。他们之中也诞生了许多成功人士，他们把成就归功于我的那些讲演，并称我为他们的"精神导师"。正因为此，我想写本书，并希望这些道理能广为流传。在结束了一天的繁琐事务后，我便全身心投入到此书的写作中，《自己拯救自己》便是我为它取的名字，这是一个再恰当不过的名字了。

1859年，《自己拯救自己》首次于英国出版，这本书让我受到未曾料想的欢迎和赞誉。这本书在英国被迅速而连续地重版4

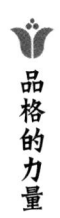

次，并被译成多种语言。该书在美国的销售量和读者更是远远超过英国。事实上，英国首次出版了《自己拯救自己》后，该书的盗版印刷品已在美国泛滥。

由于盗版行为在当时是受法律保护的，因此我也无能为力。

《自己拯救自己》一经出版，我便将心思和精力放在了《品格的力量》一书的塑造上，1871年，它也荣登图书行业的舞台。《品格的力量》令我极力刻画描写杰出人物，并淋漓尽致地将他们优秀、高贵的品格展现给读者，另外，我也将自己的一些理解和感悟糅合进书中，希望能将自己的经验传授给读者，力求为读者提供帮助，希望读者阅读此书后能塑造高贵的品格，并把握好人生的每一步。

每个伟大之人的生平事迹都是宝贵的经验资产，我们从中可以得到许多的帮助。从他们的经历中，我们能正确选择何去何从。虽然他们的时日所剩无几，但这没有影响他们的活力与朝气，他们指引着一代代人。

历史学家普鲁塔克认为："若我们仅仅根据杰出人物的职业来判断他们德行的优劣，这是极困难的。但我们却可以从他说话的语气、各种玩笑和言论，来得知其人格和品质。"

正因为我所述的这种种原因，我侧重描写了优秀人物的生活细节，并尽力塑造出饱满的人物形象，树立具体的榜样。从而使读者更好地了解他们，并不断提高自身的品格修养。

塞缪尔·斯迈尔斯

1880年于伦敦

目 录

第一章
目标明确
001

第二章
女性的品格力量
021

第三章
与圣贤之士交往
045

第四章
劳动是光荣的法则
065

第五章
人类的英雄气概
091

第六章
美德源于自律
113

第七章
恪尽职守
133

第八章
个性的力量
153

第九章
讲究风度
171

第十章
爱情不可或缺
193

第十一章
苦难磨炼出高贵的品格
217

第十二章
坦诚面对一切，勇敢改变自己
233

第一章

目标明确

我们在商业活动或日常生活中,更多的是以一个人的品格和气质、纪律性和自制力来评价他人,而才华和智力只在其次。因此,品格中的正直因素才是最殷实的精神财富,它比任何精神品质更加珍贵。

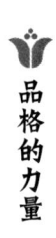

第一节　细微之处见品格

我们时时刻刻都在履行上天赋予我们的职责，虽然平凡，但通过自身的努力，也能有所作为。在日常生活之中每时每刻都能体现人的高尚情操。平凡、美德的魅力可以一展无遗，即使没有惊涛骇浪，没有大起大落。也只有这种平凡的美德才可靠、崇高、永恒。悬浮在高空中的美德，虽然诱人但很危险。伯克说过："仅仅依照英雄的品格来衡量人类社会，这是不切实际的，这样必定会造就一个堕落的上层建筑。"这话很有远见。

阿波特博士，也就是坎特伯雷大主教，对他的朋友托马斯·沙克维尔的品格进行评价时（沙克维尔去世时），并没有大力赞扬他的才华和政治业绩，而是极力渲染他在日常生活中表现出来的道德品质。他是一个有益于社会的人：作为父亲，他慈爱有加；对待朋友，他谦逊忠实；作为丈夫，他深爱着自己的妻子；最令人钦佩的是，他对待敌人也如此宽广、博大。大家都了解这样一个事实，一个人在日常生活中表现出的普通细节，比任何雄辩家、作家、政治家所展现的更能体现他的道德修养。

第二节　品格的原则

如果想表现一个人品格闪光之处，对于普通人来说只要在平凡的生活中尽心尽责便能做到。即使一个人拥有学识、权势、金钱、财产、名誉，但却有一颗廉价的心灵，那么这一切就毫无意义。相反，一个人就算一无所有，而只要拥有良好的品格，仍能获得无比的荣耀。

受教育程度的高低与品质的高贵与否没有直接的联系，在随处可见品格和灵魂这些字眼的《新约全书》中，关于理性却很少谈论。乔治·赫伯特说过："堆积如山的大学问甚至比不过微弱的优良品性。"这句话告诉我们，学习知识必须与美德结合。

在现实生活中，有些人对地位显赫者常常阿谀奉承、卑躬屈膝，而对弱者却傲慢无礼、盛气凌人。这样的现象比比皆是，他们或许有丰富的学识，但同时也拥有低劣的人格，这些人在文学、艺术和科技领域或许有所贡献，但他们不一定诚实、正直、忠实和有责任感，这简直是一定的。

伯瑟斯在给朋友的信中说："你总乐于推崇学识渊博的人，对此我没有任何异议，但必须不能忽略高贵的品格，如充沛的精力、宽广的胸襟、深邃的思想、儒雅的言谈等。没有这些优秀的品质，他们就无法让人肃然起敬。"

瓦尔特·司各特爵士对于有些人将文学才华和成就当作炫耀的资本，并视之为最值得敬仰和尊敬的东西这种观点，非常不以为然。他感叹道："上帝！人类太可悲了，假如这种观点是正确的话！"我们曾在书中遇到过，或在生活中经历过一些才华横溢而又受过良好教育的人，可是，事实上，有一些未受过良好教育的人散发的某种力量和魅力，更让我感动。虽然他们无法总结完整、精辟的理论，但他们实际的行为比任何言语都深刻，这种坚忍不拔的意志、临危不惧的精神和对他人无私的关怀和爱护，比任何理论都令人感动。

一个人或许很富有,但他的品格却很糟糕,两者之间不成正比。相反,财富易于孕育腐败、堕落和邪恶的品性。财富对于意志力薄弱、缺乏自控能力的人来说,无疑是一个陷阱、一种诱惑,会造成难以磨灭的痛苦和灾难。

另外,高尚品格与贫困也不存在对立面。一个人拥有正直、勤劳、诚实的美德,一样可以赢得人们的尊敬。帕恩斯的父亲曾建议自己的孩子:"即使你不能有所作为,也要培养男子汉的气概,因为只要你拥有诚实正直的心灵,一样值得人们尊敬。"

我曾经遇到一个工人,那是在北方某郡,他每周的薪水还不到10先令,却必须支撑整个家庭的生活。他是一个充满智慧、品格高尚的人,虽然他只在一个普通的教区学校受过初等教育。他阅读《圣经》、《弗拉维尔》和《波士顿》等书,或许很多人都未曾听说过后两部。这个善良的人使我想起华兹华斯的名著《漫步者》中那个令人肃然起敬的主人公。他一生勤勤恳恳,接着永远安息了,为人们留下一世的英名和美德,这种境界即使那些王公贵族都难以达到。

宗教领袖马丁路德在去世时没有留下任何财产,他之前的生活仅仅依靠种植菜园和修理钟表得以维持。但他在品德方面远远超越王公贵族,并成为国家品格的楷模,而这一切正是因为他辛勤工作。

一个人的高尚品格便是人生最宝贵的财富。人的美好意愿完全可以通过它表现出来。在物质方面,你或许无法通过培养高尚的品格变得富有,但至少可以赢得人们的赞美和尊敬,物质财富相对这样的回报简直是微不足道的。因此,我们必须养成良好的品德。

诚实是高贵人品的一个重要标志，它是人生的财富之一。诚实使人保持正直和青春活力，给人以力量和耐性。本杰明·鲁迪亚德说过："谁都不能肯定自己会成为富人或伟人，也无法保证自己会智慧超群，但我们至少可以成为诚实的人。"

休默说过："道德上的原则对全社会具有普遍的约束力。从一定程度上说，混乱、自我和邪恶都是我们反对的一部分。"在追求真理和高贵品质的过程中，不仅仅要诚实，另外，还要遵循正确的原则，不能走上歪道。否则，就犹如蒙上眼睛的熊，无法辨别方向，横冲直撞。换作是人，则不能自律、目无法纪、自由散漫。

曾经有一名辩论家想跟哲学家爱比克泰德学习斯多葛派哲学，当然，这个人受到了接待。但爱比克泰德的态度没有一丝诚恳，反而非常冷漠，原因是他不相信雄辩家的真诚。有一天爱比克泰德对这位雄辩家说："向我学习并非是你的目的，批判我的观点才是你的目的。"雄辩家说："正如你所说，若只沉湎于这些东西的研究，就像你一样，那么我就会像乞丐一样穷困潦倒。"爱比克泰德对他的观点表示不屑："我根本无意追求那些低俗的物质财富，而我认为你比我要贫穷得多。我不必在乎任何人的态度，而你则要小心翼翼，点头哈腰，极尽阿谀奉承之事。你的物欲不过是用卑微换来的怜悯；而我的心灵却如同一个有着广阔、肥沃的土地的王国，荡漾着欢乐和幸福，让人感到满足。我不能像你一样懒惰成性、游手好闲，而且贪得无厌。我们的生活压根无法相提并论！"

我们身边总有一些智商超群的人，这些才华横溢的人就值得信赖吗？答案显然不是绝对的，除非他是一个老实和忠诚的人。我们美德的前提可以通过诚信来表现，这是我们认定的。那些实事求是、言行一致的人总是赢得人们的信赖和尊敬。

我们在商业活动或日常生活中，更多的是以一个人的品格和气质、纪律性和自制力来评价他人，而才华和智力只在其次。因此，品格中的正直因素才是最殷实的精神财富，它比任何精神品质更加珍贵。在实际生活中，优秀的品格所激发出的良知是最高智慧的体现。亨利·泰勒勋爵说过："事实上，智慧和善行是一样的，尽管它们的表现方式不尽相同，它们是相互促进、相辅相成的。宽厚善良的美德可以通过智慧来获得，智慧、明朗亦可通过善良的品行来培养。"

一个人的影响力不完全局限于他们的智商，靠着潜在的非凡能力在暗中发挥作用的便是品格。伯克有一次谈及一位18世纪很有影响力的贵族，他指出："他的品质就是他最有力的武器。"原因是人总把理想当作纯洁高尚的典范，对人产生影响的永远是思想言行。

高尚的品质需要慢慢积累，真实的人格却是不容置疑地存在的。它们或被扭曲，或被认同和推崇，甚至是诬陷。不幸和苦难不可能占据我们的一生，我们只要付出耐心，就能被别人理解和接受，我们终将获得尊重和信赖。

有人曾这样评价著名的戏剧家谢利敦：如果他的品格能够让人信赖，那么他或许可以统治整个世界。但缺少了这种品格，他出众的才华便起不了多大的作用，最多只能成为一种光芒四射的摆设，这对于政治领域和生活领域，更是影响甚微。哑剧演员朱莉·莱恩甚至都觉得自己比谢利敦优秀。有一次，职员德尔比尼向谢利敦索要拖欠的工资，结果，他要到的只是一顿臭骂，谢利敦威胁德尔尼不要忘记自己的身份。"不，谢利敦，事实上你我之间的差异是很明显的。你有达官贵族的身份背景，况且你受过良好的教育，但就举止言行和品德方面而言，我远远比你优秀。"

第三节　品格的塑造

　　万物的生长都受到环境的制约，同样，太多的因素影响着品格的形成，特别是个人的控制和调节。生活中的每一天都对品格的形成产生一定的影响，不论是好的坏的，重大的还是渺小的。这就像是一根头发，虽然它很细小，但依旧会留下自己的影子。西摩本尼克女士的母亲说过：不要轻视微小的事情，无论多么微小的事情，都会对我们产生影响，玩弄我们于股掌之间。

　　物理学中有一条法则：作用力和反作用力相等。这完全可以应用于道德规范领域。换句话说，善行和恶行都会对行为者产生作用和反作用。而且人除了是环境的产物，又是环境的缔造者。每个人在社会中都会受到其他人和社会环境的影响，原因是我们受到了榜样的示范作用，我们也可以通过其他力量控制自己的行为，比如意志，多多行善，趋利避害。圣伯纳德有句话："除了我自己，谁都无法毁掉我；除了我自己的过错，谁都无法使我受到伤害。一切都因我们而造成，因此我们并不是真正的受害者。"

　　我们的每一种想法都被所受的教育、习惯和理解力所影响，甚至是每一次行动和每一种感情都会产生影响。人的个性被各种因素影响过后，或者变得高尚，或者逐渐堕落，走向深渊。拉斯金夫说："没有什么错误或蠢行对我的生活产生很大影响，我的财产、我的欢乐、我的洞察力和理解力都不可能被它们所影响。而对我产生巨大作用的却是所有正义和善良的举止，它们使我快乐地生活，掌握处世艺术。"

只有经过自身的努力，我们才能培养出良好的品格。我们的品格可通过持续的自我批评、挫折和失败进行塑造。只要我们保持坚强的意志力和足够的信心，诱惑和蹉跎便无法阻止我们前进的步伐。即使我们依旧逃脱不了影响，但我们的品格在一次次的奋斗拼搏中得到了升华。我们会为这种不断超越现时水平的进步而感到高兴。我们对美德的渴望在这种品格的榜样下变得更加强烈。人们的最高追求并不仅仅局限在权势、金钱、地位和才华上。精神上的富足以及至高无上的荣誉和德行，才是他们所向往的。诚实、正直和主动积极是他们所最终追求的。

伊丽莎白女王的丈夫便是这样一个典型的代表，这是一个心地善良而纯洁的男人，他总能以仁慈的天性征服别人，他的影响力和号召力是绝对的。他在拟定女王亲自颁发的惠灵顿学院年度奖学金的获奖资格草案时，将那些品德高尚的学生列为授予的对象，而那些聪明过人、勤奋好学、小心谨慎的人却没有那么走运。心胸宽广、积极向上、心地善良是获奖最重要的前提和条件。

品格发挥出的个人意志通常体现了道义、宗教和理性的影响，原则、正直和判断力则给予其生活中的引导和支配。我们选择自己的发展方向，通常要做出一番深思熟虑，之后我们开始坚定不移地走下去，使目标成为现实。我们不必太在意别人的看法和议论，但一定要经常倾听自己良知的呼唤。我们要在尊重别人的人格的情况下，又能保持自己鲜明的个性和人格的独立。如果世人难以理解你的想法，请不要气馁，让时间处理这一切。相信人们总会发现它的价值，就让我们静静地等待吧。

第四节　高尚品格的魅力

在培养品格的过程中，榜样扮演着极重要的角色，但最终的决定性因素却是个人的源源不断的创造能力和坚持不懈的努力。根本动力便是这种创造与努力，它给人类带来的力量是独立而又无尽的。诗人丹尼尔曾经说过："人们只有不断地挑战自我，才能拥有超常的生命力。否则，人生便没有存在的理由。"如果想要生活像流淌不息的小溪般充实丰富，我们只能以高尚的品格作为坚实的后盾。我们每天做着有意义的工作，像工厂里机器维持正常的运转。反之，则显得枯燥乏味，犹如一潭没有生命的死水。

性格在意志的作用下才能使各要素发生作用，倘若还能以高贵品质对其施加影响，人便会一心一意地投入到工作中，不计得失，坚毅拼搏。每个人的言语和思想都将对别人的实践活动产生影响。我们从路德的身上就能得到最有力的证明，利希特曾评价他说："他的言语就是动员口号。"的确，路德的每一句话都如同号角一般萦绕在德国的上空，一代又一代的人受到他的鼓舞。至今，每个德国人都依旧牢牢记住他完美的品格。

另外,洛瓦利斯的《论道德》一书认为,最具活力和力量的野蛮人便是那些最强劲和最危险的敌人,若是其还拥有自私、狂傲等品性,那么其必将成为一个十足的恶魔,那时人类的灾难也是深重的。强大的力量若与正直、善良的美德相背离,则会变成万恶之源,会被非正义利用。

然而,只要有一种优秀的品质指引着人们,情况就会大为不同。拥有这种品质的人总是正直和负责的,在他眼里,任何活动都与治理国家同等重要。他对待每一件事和每一个人总是真诚老实,甚至能像对待弱小者一样宽容和仁慈地对待自己的敌人。雪利顿有言:"他总是表现得仁慈、善良,即使是在战场上他也绝不让刀刃在心灵留下任何污点。"

福克斯同样如此,帮助他赢得人们的信任和拥护的恰是他的同情心。有这样一个民间故事广为流传:有一天,有一个生意人拿着欠条找福克斯兑现,而当时福克斯在忙着点钞。这个生意人建议用眼前的钱来支付,"这哪成,"福克斯脱口而出,"这些钱要还给谢利敦的,这是一笔用信誉担保的债务。我这边如果出现意外,他就没办法要回了!"这个生意人听后深受感动,说:"那把我的也转换成信用债吧!"随即就把欠条撕毁了。福克斯对商人的信赖表示感谢,并马上还清了他的债务。福克斯喃喃自语:"看来,谢利敦又要耐心等待一段时间了。"

高尚品质的标志还表现为懂得尊重,无论是男人或是女人都应该如此。他们面对世代相传的东西时总是怀有最虔诚的敬意,如崇高的理想、深邃的思想和善良的行为。尊重同样益于个人、家庭和民族的安定团结。如果我们之间缺少尊重,那么连基本的信任都不存在,社会民族的和平与进步将从何谈起?正是尊重这条纽带把我们和上帝紧紧联系在一起。

托马斯·欧弗伯里爵士有言："一个具有高尚情操的人，善于将经历过的事情转换为丰富的人生经验，再用理性思维加以整理和修改，最后付诸行动。"这并不是针对别人，并非一时冲动的盲目举止，而是深思熟虑的结果，发自于内心的结果。只有这样，他才会格外珍视来之不易的荣誉，阻止有碍名声的事情。此外，他总给人足够的尊严，总是设身处地为他人着想。他发誓为真理付出一切，并像太阳一样引导着人们正常运转。他是平凡人的榜样，又是邪恶者的克星。他只与智者相伴。时间的流逝，不会让他衰老，因为他与时间同在。随着时间的逝去，心灵的力量却日益强大。痛苦与他无关，他尊重所有的人和所有的事。

意志力发自于内心，任何一种高贵品质的灵魂都寄生于意志力之上。意志力使得万物生机勃勃，如果缺乏意志力则深沉、黯淡和无助。伟大的领袖路德、克伦威尔、华盛顿、皮特和威林顿就是最好的榜样。他们时刻不忘给别人树立榜样，即使在他们开辟道路的时候。他们因具备活力、自信和独立，赢得人们的尊重和崇拜。这让我们想到那句谚语："坚强之人的意志就像峡谷中的瀑布，为自己开辟前进的道路。"

帕默斯顿是众议院的一名议员，他死后格莱斯顿这样描述他的品质："他是我们的模范，他拥有意志的力量、强烈的责任感和永不退缩的信念，他永远都在激励着我们。他晚年靠着不屈不挠的意志和勇气与病魔作斗争，另外，他还爱憎分明、性情率直、嫉恶如仇。现在，帕默斯顿先生虽然去世，但他永远深深地影响着我们，因为他高贵的品格所散发出来的无限魅力是永不磨灭的。我们最好的悼念方式就是好好地学习利用他

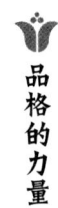

留给我们的财富。"

杰出的领导总能让具有与自己相同优秀品质的人追随左右，这就犹如磁石吸引铁块一样。约翰·穆尔勋爵最初之所以注意到纳皮尔兄弟，原因就是人们推崇和拥护三兄弟。同时，三兄弟也为穆尔儒雅的举止、非凡的勇气以及公正廉明所倾倒，视为他们的偶像。威廉·纳皮尔勋爵的传记作者说："他们受到了穆尔很大的影响，并且追其为偶像。然而，他们的优秀道德品质也被穆尔所发现，证明了他在品格方面具有过人的洞察力和判断力。"

积极的努力总是具有普遍广泛的感染力和传播力。弱者认为勇者的行为对于自己来说，是一种鼓舞和鞭策，也是一种无形的压力，它迫使弱者采取切实的行动，变得不是那么软弱。纳皮尔讲述过关于维拉之战的情景："西班牙军队在激战中陷入了困境，他们几乎被乱军冲散。在这最为危急的时刻，一位名叫哈威洛克的年轻军官挥舞着帽子，用力地踢着马身而出，号召西班牙士兵随其杀敌。他冲过法军的障碍物，与敌人展开殊死搏斗。西班牙士兵这时士气大振，大家勇往直前，齐声高喊：'好男儿！'经过激烈的战斗，他们最终赢得胜利。"

这种情况我们在日常生活中也常常见到，如果身居要职的人拥有充沛的精力、高尚的品德，那么，下属们就会感觉自己被重视，他所拥有的权限和力量在无形中就会增长了许多。人们总是特别信赖和仰慕拥有善良和伟大品格的人，人们以他们为榜样，争相模仿，每一个人都受到他们的鼓舞。切沙穆入主内阁后，政府的各个部门的职员都被其高尚情操所感染和熏陶，他们工作比以往任何时候都努力。由此可见，高尚人格的力量是多么强大！

众所周知，华盛顿担任总司令后美军的力量猛然间就增长了一倍。直到1798年，也唯有法国才能与美国抗衡。其原因在于，那时的华盛顿由于年事已高已经不再参与政事。华盛顿接到当时的总统亚当斯的信："我们急需得到您的支持和赞成，我们只有继续使用您的名义，才能战无不胜、攻无不克。"显然，这位伟大的总统用其卓越能力和高尚品质赢得了不可替代、无与伦比的声誉。

庞培作为意大利杰出的将领，曾说过："意大利只要有我的存在，就会有一支强大的军队出现。"这种力量就像控制超自然力量的机关，一切神奇般的魔力都隐藏在品格之中。历史学家这样针对其描述过："整个欧洲会因为隐逸之士彼得的声音而苏醒过来，然后对亚洲采取猛烈的攻击。"据说，宝剑都不如卡利弗·奥马尔的手杖可怕。

我甚至会被一些人的名字所振奋，他们就像行军的号角督促我们前进。道格拉斯在奥本战场上受到致命一击时，他命令士兵们大喊他的名字。于是所有士兵都被鼓舞，他们在叫声中奋起反击，并最终获得了战争的胜利。直到今天，苏格兰还流传着这样一句话："道格拉斯用自己的名字赢得了战争的胜利。"死后产生空前影响力的并非道格拉斯一人，诗人麦克雷说："恺撒在遭人突袭后其老朽无用的尸体被横在地上，上面满是伤痕。然而，这似乎比其活着时更有生气和魅力，这令我们肃然起敬。所有的缺陷和不足随着他的死亡而化为烟云，消失得无影无踪，只留下纯洁和神圣与他相伴。"威廉是奥林奇派的一分子，他也受到恺撒般的待遇。德尔夫特被耶稣会的间谍谋杀之后，国民们就靠德尔夫特崇高品质的激励前进。荷兰政府在其遇害当天承诺："我们在上帝的旨意下将不惜一切代价地让真相公之于世。"当然，

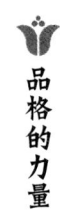

结果也正是如此。

杰出人物向世人昭示着人格的力量，就像一座矗立着的丰碑。这样的例子不胜枚举，无穷无尽。当他们的生命宣告结束的时候，伟大的灵魂依旧长驻在他们心中，让人类历史五彩缤纷。整个民族品格的形成都会受其精神和思想的影响，高尚的人格可以为前进的人们指明方向，并传播优秀的品质，为他们营造良好的气氛。

受到人们爱戴的伟大的人物，总是将民族利益放在第一位。空间和时间都无法限制他们产生的能量，这是整个人类的宝贵遗产，是人类最灿烂的文化和财富。现代人和祖先因为他们而联系在一起，现时和未来人们的生活质量也因此不断改善。他们在人类心灵的肥沃田野播下那高贵的种子。人性的善良和正直得以保持。

从本质上来说，高贵品格想要不朽，只有付诸于具体实践。一个最具代表性和说服力的便是人们在日常生活中的行为举止，它能影响世世代代人们的思维方式。因此，摩西、大卫、所罗门、柏拉图、苏格拉底、色诺芬、塞涅卡、西塞罗和爱比克泰德等，虽早已不在人世，却可以随时随地与我们沟通和对话。尽管传达他们思想的语言是他们无法理解的，可这种魅力却汹涌澎湃，时间也无法阻挡。西奥多·帕克曾说："无论多少个南卡罗来纳这样的州，也不及苏格拉底一个人。对整个人类而言，苏格拉底的价值和意义是无人能及的。"

历史的真正创造者永远都是伟大的劳动者和杰出的思想家。历史由他们那优秀的人格和品德所谱写。真正具有无比高尚品格的人都将成为出色的领导者、国王、牧师、哲学家、政治家和爱国者。卡莱尔先生说过，我们人类的全部历史，归根结底，就是伟大人物缔造的历史。整个国家和民族生活的各个纪元都在他们的身上有所体现，象征着新时代的开端。尽管通常他们在积极主动地影响历史的同时也受到历史的影响，但更为广泛的是，公众的意志亦被他们影响，虽然他们的思想也是历史的产物，同样无法摆脱时代的影响。在群众中得到广泛传播的是其中最突出的那部分，并化为实践行动。社会制度也受到他们不容忽略的影响，可以说，伟人杰出思想的缩影将会转变为任何一种制度。如：清教徒气质受加尔文的作用，耶稣会教义受洛拉的作用，伊斯兰教教义受穆罕默德的作用，教友派教义受福克斯的作用，还有卫理公会派教义受卫斯理的作用，奴隶制度废除论受克拉克森的作用。

一个时代和民族的身上，总是有着伟人思想深深的烙印，就像路德的影子显现在德国人身上，诺克斯的影子显现在苏格兰人身上，但丁的影子显现在意大利人身上一样。但丁在黑暗中如同一只萤火虫，人们从他那儿得到一点光亮和一线希望，因此从困境中走出来。他那充满热情和智慧的诗句，将人们的斗志唤起。他那充满温柔和爱的思想，令大量读者深受感动。这个最具特色的诗人的作品流芳百世，整个民族的发展进程都被其所影响。拜伦在1821年写道："谈论但丁，描述但丁，思考但丁，梦想但丁的总是意大利人。这样说，或许有些偏激和片面，但他确实是值得人们如此信赖。"

"时势造英雄"，每个时代总会有不同的优秀人物出现，为社会作着贡献。从阿尔弗雷德到艾伯特之间，最有影响力的应该是介于伊丽莎白和克伦威尔统治时期的杰出人物。其间有艾略特、莎士比亚、汉普顿、比姆、瓦纳、克伦威尔等。他们具有无比崇高的品格，拥有非比寻常的力量。英国的公众生活早已被他们的灵魂所融入，他们的生平事迹是最为珍贵的历史遗产。

因而，华盛顿留下最具价值的财富便是他诚实、正直、伟大和崇高的人格，他被视为美国人心中完美无缺的偶像和榜样，是国家力量的源泉。他之所以支撑起整个民族，完全通过自己的示范作用。曾有一位才华横溢的作家写道："人们无论何时都在缅怀死去的英雄，这些光辉的形象能够激励自己，国家因此会繁荣富强。这些伟人是整个人类的精英，他们将与世长存。后代们将循着他们的足迹，做着同样有意义的事情。国民们以他们为先锋楷模。他们鼓舞着善良而正义的民众不断实践。"伟人以及他所拥有的一切都是一个民族不可多得的财富，哪怕是颠覆、孤立、抛弃甚至是杀害，也无法将他这份神圣的财产剥夺……

我们主要从两个方面来评价一个民族的品质，即伟人的品格和影响国民主体的品格。华盛顿、埃尔文向他们的很多朋友介绍瓦尔特·司各特勋爵，这些朋友中不仅有附近的农场主，也有辛勤耕种的农民。埃尔文说："我要让你们看看普通而又优秀的苏格兰人，优秀的人并不能代表真正的苏格兰民族精神。相反，我想让你们看到你们在任何地方遇到的任何一个苏格兰人，都具备同样的品格和精神。"虽然几个政治家、哲学家和神学家就能够代表一个社会的思维能力，但一个国家和民族的主体力量永远都是普通的劳动群众，他们才是整个民族和社会的真正栋梁。因为他们的存在，国家和民族才能获得源源不断的力量。

无论是民族或是个人，都需要维护自己鲜明的品格特征。无论何种制度的国家，社会各阶级都行使着一定的权力。但大多数人的道德品格就足够形成一个民族的品格，这种品格既影响着他们个人的品格，也决定着整个民族的品格。设想一个民族，没有诚信、正直、果断、善良和勇敢等美德，如何能在世界民族之林站住脚？其他民族一定会鄙夷和轻视他们。

维持一个民族的品格，不能单靠制度，不管它自身有多完美。而人们高尚的精神，对民族美德的形成和保持却很关键。因此，教育是治国的长久之策。只有每个国民都具有优秀的品质和道德，才会形成高尚的民族性格。否则，人们就会自私自利、道德败坏、精神虚伪，就无法真正地团结在一起，无法发挥民族的凝聚力，自然也就很容易受制于人。

为保证个人的自由和进步、纯洁和善良，最可靠有效的方法是防止实行独裁统治。没有这些作为屏障，民族的精神风貌和自由将无从谈起，即使再强有力的政治权力，也无法让一个个体堕落的民族变得高尚。彻底贯彻公众参政制度才能保障公正的参政权，代表这个国家的政府和法律才能体现其民族真正的品格。如果政治是建立在个体的不道德的基础上，任何稳定形式都无从谈起。他们拥有的一切，会被其他民族所鄙夷、丢弃。这个堕落民族中的新闻，不过是一个展现道德沉沦的窗口。

民族犹如一个拥有丰富社会阅历的人，走上正轨，就会促进社会的进步和发展，反之，就会导致迷惑和空想泛滥。民族和个人一样，需要在从属于他的优秀种族中获取情感慰藉、寄托和能量。他要永远保持自己的荣耀，需要有辉煌的历史，以影响每一代人的生活，让先人坚定不移的意志和勇往直前的追求与魄力成为后人弥足珍贵的财富之一。在经受挫折和磨炼的同时，整个民族得到净化，变得坚不可摧，创造出最辉煌的篇章，对民族品格形成最深刻的影响。

如果要客观公正地评价一个民族，不是根据它疆域的大小，而是根据生活于其中的民众。虽然拥有广大的土地，能在一定程度上反映民族的强大，但二者并没有必然的联系。一个伟大的民族，不一定占有广阔的地域，而广有疆界和人口的民族，未必称得上伟大。面积辽阔和富强经常混为一谈，这是不准确的。以色列民族就很小，但对世界的格局却产生着深远的影响。希腊虽然不大，阿提卡的所有人口比南开郡的人口还要少，雅典也无法同纽约相比，然而，希腊在艺术、文学、哲学和爱国主义方面的成就却是无可比拟的。

雅典因为一个致命的弱点，所以走向了衰落。它的公民没有一个真正的家，更没有家庭生活可言。它的奴隶数量大大超过了自由民。它的女性，即使在事业上取得很大成就，品行也极为放荡。它的公民，在道德方面，即便不是腐败堕落，也可以说是松散无度。所以，一开始它就注定要走向衰落，甚至比它的兴盛来得更为突然。

罗马也如出一辙，在人民普遍的堕落和贪图享乐中走向了没落。在罗马帝国晚期，人们认为工作、劳动是仅仅适合于奴隶的行为。老波尔顿说过："他们宁可在战争中不断地流血，也不愿在劳动中滴下一滴汗水。"祖祖辈辈流传下来的美德被他们丢弃了，罗马帝国失去全部的生存活力。这样的国家必然会被勤劳而又充满活力的民族所征服和取代。

路易十四曾经问大臣科尔伯特，为什么他能够统治像法国那样强大的国家，却无法令荷兰这样的小国臣服？科尔伯特回答说："陛下，领土是否广阔并不能决定国家的繁荣和兴旺，而是人民的道德情操。荷兰人具有节俭、勤奋、不屈不挠的高贵品质，这是您无法逾越的障碍。"

关于斯比洛拉和里卡多，曾经有这样一个传说。1608年西班牙国王任命他们为使者，到海牙签订一个谈判条约。有一天，他们看到十来个人从船上走下来，在草地上准备好面包、奶酪和啤酒，以进午餐。大使不禁问道："那些旅行者是谁？""他们是我们尊敬的主人，也是国家的代表。"身旁的一位农夫回答说。斯比洛拉和他同伴低声说："我们必须用和平手段，他们是不可能被打败和屈服的。"

总之，社会制度稳定的基础源自个体稳定的品格。如果每个人都只为了自己而活着，贪图享乐，他们的自私自利，必然会导致整个民族的不幸和灭亡。堕落的个性无法组合成一个伟大的民族，哪怕它表面上看起来如何高度发展，一旦发生灾难就会四分五裂、土崩瓦解。人格缺少正直、善良、高尚，即使态度温和、生活富裕、有贵族派头，也不会真正团结在一起，凝聚起强大的力量。

缺少品格的支撑，一个民族就无法在世界立足。如果忠诚善良、坦率耿直这些美德都得不到人民的尊重和敬仰，这个民族就无法生存。倘若还有一些诚实守信的人幸存下来，并努力让每个人都信仰这高贵的品质，使失去的品格重新再生并不断升华，这个民族才能得到拯救。否则，这个民族将永远消失。

第二章

女性的品格力量

"1个优秀的母亲胜过100个教师。"乔治·赫伯特曾经如是说。在家庭生活中,母亲"像磁石一样将所有人的心灵吸住,像启明星一样受人关注"。她是孩子无时无刻不在模仿的对象。培根把这种模仿比作"全球通的训导"。

第一节　品格最初形成于家庭

社会规则和制度形成的最终源泉是家庭，不管这个家庭本身是纯洁还是丑恶。法律也只是家庭的反映。在家庭生活中，孩子幼小的心灵就开始闪耀思想的火花，长大后，步入社会，才形成公众的意见。所以说民族振兴事业应从托儿所开始，儿童是祖国未来的希望，甚至政府机构的工作人员也没有孩子的教育者产生的影响深远！

人的品格和智慧首先在家庭中形成，这是自然的铁律。家庭生活是社会生活的准备阶段。每个社会成员都首先在家庭中学会生活和交际，然后才能融入社会。因而，对社会文明最有权威影响力的学校是家庭。原因很明显，社会文明是由个人素质决定的。也就是说，每个成员，无论高贵卑劣，对社会文明都会产生一定的影响。

早年的道德环境任何人都不可避免地受到影响，伟人同样如此。从你呱呱坠地那一刻起，就从人们那儿获得关爱和营养，一位母亲询问牧师："我该在什么时刻开始教育我的儿子？他已经4岁了。"牧师回答说："夫人，如果您现在还没对您的孩子进行教育，那么，可以说他已经被您耽误了4年。在孩子脸上绽开第一朵微笑时，您就该抓住机会开始教育了。"

其实，对孩子的教育应该来得更早，因为孩子天生就具有极强的学习能力。阿拉伯有句谚语："光秃的无花果树看着丰收的无花果树，也会变得同样的硕果累累。"同样的道理，周围人的行为举止对小孩也有着巨大的影响力。

在品格的形成过程中，儿童时期那些看上去微不足道的小细节，也会产生巨大的影响。儿童时期的品格是成年品格的基础和核心，后期的教育不过是儿时品格的一种补充和完善。从这方面的意义来说，"儿童是成人之父"这句话虽不是很准确，但也很有道理。弥尔顿曾经说："一生之计在于童年，正如一日之计在于早晨。"我们与生俱来的那种精神和能力，往往会持续最长的时间，是最强的推动力。人在呱呱坠地时，善良、邪恶、高贵、卑劣等品格就已在头脑中存在，这些将决定一生的品格。

来到一个陌生而崭新的世界，孩子的眼里满是好奇和新鲜，他们惊异于周围的事物。但随着时间的推移，他们开始学会分析对比、观察领悟、模仿，将一切置于脑海中。孩子的这种无穷的潜能，令所有人都惊讶不已。布鲁姆爵士经研究发现，婴儿在18~30个月这段时间里，对自己、对他人、对世界都有着超强的领悟能力。这是成人不能比拟的。在这段时期，孩子获得的知识和见解，比剑桥大学的高材生或者牛津大学的优等生的所学更具有意义。一段时间不温故知新，即使是学者，他的知识也很有可能会被遗失在角落里，但一个人在婴儿时期学到的知识一生也很难遗忘。

据说，司各特早在学会读书写字前就对民族文学如痴如醉，因为他的祖母和母亲反复向他朗诵文学作品。儿童时期，人的心灵是全然敞开的，随时随地准备接纳新事物。他们不仅领悟力好，记忆力也很强，所学的东西都深深地刻在记忆中。童年就像一面明镜，投射出最早闯入思维又对生活起决定作用的一切东西和印象。孩子的一生伴随着各种各样的第一次，第一次喜悦、第一次悲伤、第一次成功、第一次失败、第一次辉煌以及第一次不幸，这些构成了他一生生活的背景。

在粗陋庸俗、野蛮暴力的社会中生活，即便是心灵高尚的哲学家也会变得麻木不仁、不知廉耻。可以设想，天真无邪充满幻想的孩子们处于这样的环境，还能保持纯洁善良吗？在熏陶和培养人的性格、习惯、意志的同时，这些也成了人们日后幸福生活的保证。当然，在其发展过程中，人们能够不断地进行自我调节和控制，一定程度上改善生存环境，但与童年时形成的道德观念相比，这一切显得非常微弱。

家庭是孩子成长的摇篮，管理的好坏决定了家庭的好坏。充满爱心和责任感的孩子，由于在品德智力方面得到了正确的引导，所以在日常生活中的行为举止，必会表现出诚实和善良，显得健康又能干。并且能像他们的父母一样，乐于助人，慷慨解囊，自觉地约束自己的行为，为社会做贡献。

相反，如果小孩生活在愚昧无知、人情冷漠的家庭，日久天长，无意中就会形成自私自利、粗鲁无礼的性情。再加上现实的社会环境的诱惑，他将是危险、可怕的。一位古希腊人说过："如果让一个奴隶去教育你的孩子，那么你将拥有两个奴隶。"

第二节　女性具有影响力的品格

孩子总会情不自禁地模仿他看到的一切。人们的言行举止，都是他们模仿的对象。对每个人来说，童年时期非常重要。从那时起，一生的品格就开始形成了。任何教育者对他产生的影响肯定不如之前的教育。假如把大千世界当作一所学校，将人的一生看作受教育的过程，那么对一个环球旅行家来说，沿途的民族对他产生的影响远不及出生时照顾他的保姆。由此可以得出结论：榜样对小孩的成长是至关重要的。要培养出健康活泼、聪明机智的小孩，良好的榜样是必不可少的。能够频繁出现在小孩面前的，就是他的母亲。

"1个优秀的母亲胜过100个教师。"乔治·赫伯特曾经如是说。在家庭生活中，母亲"像磁石一样将所有人的心灵吸住，像启明星一样受人关注"。她是孩子无时无刻不在模仿的对象。培根把这种模仿比作"全球通的训导"。然而，它不仅仅是停留在口头上的训导，更是身体力行的，像无声无息的口令，指挥着孩子。假如那些劝告者和规则制定者自身都不能做到言行一致，就会在无形中让孩子学会虚伪。而且小孩也有辨别真伪的能力，父母若言行不一致，他们很快就会将其戳穿。这种口是心非的说教毫无价值。在极坏的榜样面前，任何劝告都是无济于事的。孩子们会追随榜样，但不会恪守规则。

模仿的过程，对人的品格会产生潜移默化的影响。一些小小的行为，却构成了日常生活的一个系列。它们就像一瓣瓣小小的雪花，在空中飞扬，没有引起变化。但正是因为它们不断地积累增加，才造成雪崩。不良行为也是如此，日积月累，就形成了难以改变的不良习惯。它左右人的善恶，决定了品格的优劣。

家庭是女人展现自我的天地，可以最大可能地发挥她的能力。家中事务无论大小，她都要参与、管理，拥有绝对的权力实行全面控制。所以，母亲对儿童产生的影响力远胜父亲，她的形

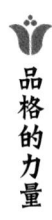

象对家庭是至关重要的。她观察着小孩的一举一动，同样，孩子也观察并模仿妈妈的一举一动。自然而然，母亲成了孩子的第一位老师和榜样。

植入思想的观念犹如撒入地里的种子，埋没了一段时间以后，定会破土而出，形成生活中的习惯、思想和品格。在谈到幼年受的教育对人一生思想的影响时，科雷说，他把这看作在一棵小树苗上刻下字母，随着年龄的增长，树苗长大了，字母也在不断扩展，日益明显。可见，这些东西在童年虽只有微弱的印象，却是难以磨灭的。因此，孩子的身上存有母亲的影子。他们自觉不自觉地模仿着母亲的言行和生活方式，母亲在孩子身上获得了重生。

母爱仁厚博大，有着普遍深远的影响。任何一种感情都无法与母爱相比，一个人从诞生那刻起，母亲就对他开始了爱的教育，而且从未有过间断。在我们经历困难、挫折、失败的时候，即使不向母亲征求意见和忠告，也会渴望从母亲那里获得安慰和鼓舞，即使那些自强、独立、勇敢的人也如是。母亲传递给我们的美好、善良的东西，通过言行表现出来。就算哪一天，母亲撒手西去，她教给我们的礼节、智慧也不会消失，还会一如既往地指导着我们。所以，母亲永远是无比圣洁的。

全世界的幸福或悲哀、文明或野蛮、开化或愚昧，在很大程度上都取决于女人，这种说法并不夸张。社会是一个整体，由千千万万个家庭组成，而女人是家庭的崇权者，代表家庭的形象。爱默生说："衡量社会文明的最佳标准是女人。"这句话蕴意很深。有人说，国家和社会的发展，关键在于那个睡在母亲怀里的婴儿，而那婴儿的未来如何，就得看他从母亲那里获得了什么样的教育。

女人之所以超出其他教育者，在于她最擅长进行人性的教育。如果说男人是人类的头脑，那么女人就是充满爱心的心灵；如果说力量是男人的优势，那么细腻、文雅、高贵就是女人的优势；男人代表着理性，女人则是感情的象征。即使是最刚强的女人，她也有柔弱、感性的一面。所以，虽然男人是人类的智力支持，而情感的开发却得依靠女人。女人会占据你的心灵和思想，男人能充实你的头脑和智慧。可以说，男人教会我们什么是爱，女人则能让我们如何去爱。正因为有了女人，人类才有了美德。

圣·奥古斯丁的一生，向我们证明了在人的品格形成过程中，父亲和母亲各自扮演了什么角色。作为塔加斯特区的一个穷困市民，奥古斯丁的父亲为他儿子的非凡才华感到无比的骄傲和自豪。为了能够让孩子接受高等教育，他付出的远远超过了他的经济能力所能承受的。而母亲莫妮卡有着完全不同的做法和期望。她最大的心愿就是儿子能拥有崇高、善良的心灵。为了向奥古斯丁引导善的道路，她克服种种困难和艰辛，对儿子悉心照料、耐心指导、真诚劝告。终于，一向生活不检点的儿子被她坚持不懈的努力所打动，改变了以往的作风。母爱终获胜利！这位善良的母亲，不仅拯救了她极有天赋的儿子，也改变了她的丈夫。丈夫去世后，莫妮卡出于对儿子的深爱，随奥古斯丁去了米兰，继续照顾他。在奥古斯丁33岁时，莫妮卡去世了。但她的言行举止和教诲深深地烙在奥古斯丁的脑海里，影响了他一生的品格。

生活中，类似的例子不计其数。一个时期的自私、狂傲甚至邪恶，都会被幼年时形成的善良打败。为人父母者无不努力将自

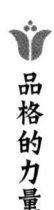

己的孩子往正道上引，但终究有失败的时候。值得庆幸的是，即使孩子长大成熟，离开了父母独立生活，儿童时期父母灌输给他们的思想和品格仍会伴随着他们，开花结果。

这其中，最典型、最具代表性的人物便是约翰·牛顿。他是奥尔尼教区的一个牧师，也是诗人库珀的朋友。在父母去世了很久以后，突然有一天，他终于良心发现，想起儿时母亲的教诲，不禁为自己的堕落感到耻辱和罪恶。正是母亲的教导萦绕于耳际，使他幡然悔改，重新找回了纯洁善良的自我。

另一个典型例子是美国政治家约翰·伦道夫。他曾经说过："如果没有关于儿童时期的深刻记忆，我现在应该是一个无神论者。那时妈妈总是拉着我的手，让我跟她一起跪在地上，嘴里念诵'我们的天父'。"

总的说来，这些只是特殊的例子。在幼年时期人的品格已经基本定型，成年阶段只是对其不断完善和稳固罢了。塞西说道："不管你的寿命有多长，最初的20年都是你一生中最漫长的部分。"确实，这个时期是人生的黄金时期，是我们最易创造辉煌成就、最富激情的时期。沃尔科特博士曾一度沉湎于酒色，并擅长恶意造谣中伤，老年时重病缠身，在弥留之际，有位朋友问他是否有什么未了的心愿。他急切地说："请让我再回到童年吧！"假如可以重新来过，他一定会痛改前非，这一点谁都相信。但他的忏悔已经晚了，生命已悄悄逝去，他那被习惯禁锢在罪恶和不幸之中的生活再也无法更改。

作曲家格雷特雷认为女人的人性教育非常重要，他形容和赞誉母亲是"自然的杰作"。他这种思想极为深刻。一个善良优秀的母亲，能够营造出轻松、融洽的家庭氛围，能够为人类的精神文明建设提供丰富的养料，这如同男人为物质进步所做的贡献一样是不可磨灭的，有时甚至远远超过。在理性思维的指导下，女性的温柔善良、细腻周详得到了最充分的发挥。因为她们的存在，家庭才显得舒适和幸福。这不仅有利于培养纯洁高尚的品格，也有助于刚毅坚强的生长。

女人，尤其是勤劳、善良、正直而且乐观的女人，能使一贫如洗的家庭充塞愉悦欢快的气氛。家庭成员间和睦相处、相亲相爱，关系十分融洽。这种家庭每个人都向往，是人们追求的神圣的殿堂，是人们躲避风暴的温馨港湾，更是人们心灵的休息所：累了，你可以靠岸休息；伤了，你可以尽情控诉，以求同情和安慰；成功了，你可以和家人共享骄傲和喜悦。家是一切快乐的源泉。

在人生中的任何一个阶段，无论是少年时期还是老年时期，都是在家庭受到最多最好的教育和熏陶。在这里，人们学会了自控、善良、忍耐、坚强和奉献。谈及乔治·赫伯特的母亲时，伊扎克·沃尔顿说，母亲没有一丝的苛求和尖酸刻薄，她将家庭事务管理得井然有序、条理清晰，而且跟孩子们一起玩耍时，她温柔又慈爱。不仅孩子们非常乐意跟她在一起，即使她自己也从中感受到无穷的欢乐和喜悦。

家庭同样也是一所最优秀的礼仪学校，这皆因女人的出色教导。法国的普罗旺斯人中流传着这样一句谚语："如果没有女人，男人永远是少不更事的毛头小伙子。"家庭是仁慈博爱的发源地和传播中心。每个人首先都得学会热爱自己所属的那个小团体——家庭。即使是伟大或才智过人者，他们也绝不会因为家庭某个成员的某些方面胜过自己而感到懊恼或耻辱。相反，他们只

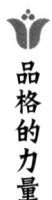

会为之自豪,并感到由衷的欣慰。一个热爱自己家庭的人,肯定也对祖国充满热情,致力于国家和民族的发展事业。人们在家庭生活中形成的责任感,是以后他们立足于社会的基础。

只有这个家庭本身就很优秀,才能够培养出最优秀的人才。假如是一个丑恶的家庭呢?它可能就是一所最糟糕的学校。从儿童到成年这段时期,愚昧无知的家庭可能会直接导致孩子一生的不幸和悲哀。假如是一个毫无学识和教养的女性去抚养一个孩子,那么日后他极可能就是这样的复制品,无知无用且有害。假如母亲心胸狭窄、品行不端,对孩子而言将是一种巨大的危险。受其影响,他们的道德会发育不良甚至产生缺陷。结果不仅是毁掉了自己的未来,还会给社会的其他成员带来不幸和灾难。

拿破仑曾说:"母亲决定了孩子行为举止的优劣。"他把自己在事业方面的成就归功于从小母亲对他的培养和磨炼,包括意志、自控能力和力量。有一位作家在为拿破仑写的传记中说道:"除了他的母亲,没有人能向他发号施令。他的母亲总是通过温和而严肃又非常合适的方式,让他体贴、尊重、屈服于自己。正是他的母亲,让拿破仑知道了什么是服从。"

完成对学校的调查后,图夫奈尔先生在其中提出:儿童品格的形成,在很大程度上受到母亲的影响。他还举了一些典型的例子,证明这种情况的真实可靠。出乎意料的是,这项成果竟然开始被运用到商业领域。他说:"据我所知,有家公司在应聘时,经理在面试过程中主要是询问有关孩子母亲的品行问题。假如他们认为孩子的母亲是善良、优秀的,那么这个孩子同样也会令他们满意。至于孩子的父亲为人如何,他们并不关心。"

其实,即使在日常生活中,我们的周围也时有类似的事情发生。有的家庭，父亲游手好闲、吃喝玩乐，甚至干些偷鸡摸狗的勾当，品行非常不好。但是，他们的日子依然能过得美满，因为其母亲通情达理、勤劳俭朴。相反，在家庭中，假如母亲刁钻任性、品行不端，即使父亲再有学识和素养，孩子在日后成就也不会太大。

在品格的形成过程中，女性究竟起着多大的影响，直到今天仍没有确切的答案。在家中，她们总是任劳任怨，默默奉献。即使是做了最伟大的事情，也是不为人知的。我们很少看到关于母亲的品格和兴趣爱好的记载。哪怕是在杰出人物的传记作品中，这类文字也很少见。当然，女性并不在乎这些。她们明白，自己虽未被载入史册，但却真实地影响着后人的生活。

我们熟知的杰出人物，大都是男性。很少有女性被形容为"伟大"，她们更多的是被冠以"善良"这个词。正如约塞夫·德梅斯特尔所说："确实，女人没有创造出什么佳作。她们写不出《哈姆雷特》、《菲德尔》、《失乐园》、《伊利亚特》、《拯救耶路撒冷》、《答尔丢夫》，她们无法设计出圣彼得教堂，《阿波罗望塔》、《埃塞亚》、《末日审判》这些优秀的作品也无一出自女性之手，而发现代数学，发明望远镜、蒸汽机的也是男人。但是，她们却做了比这一切更加优秀、更加伟大的事情，那就是哺育人类的后代。每一个正直、高尚的男人和女人，无不是被她们调教出来的。这才是世界上最杰出的作品。"事实就是如此，她们肩负着培养人类品格的重任，没有什么事业能比这个更艰巨、更崇高的了，在此面前，世界名画和不朽的文学作品都失去了光彩。

德梅斯特尔在谈到自己的母亲时，总是满怀热爱和崇拜，这在他的书信和作品中都有所流露。他称自己的母亲是"高尚的母亲"、"上帝赐予生命灵魂的天使"。在他眼里，母亲高尚的品质是无可比拟的。他认为自己的品格和志趣爱好以及善良的心灵都是母亲塑造的。成年后，德梅斯特尔担任圣彼得堡使馆大使，仍将母亲的教导视为生活的准则。

塞缪尔·约翰逊其貌不扬、不修边幅，但在人格方面，却拥有十足的魅力。尤其是他的和蔼可亲，更令人钦佩，那是一种来源于母亲的温柔。塞缪尔十分崇拜她的母亲，不管有多穷、多苦，他也会想方设法让母亲过得舒坦些。他的母亲是一位具有极强的领悟能力，并且善解人意的女性。他创作了《阿塞拉斯》，作为献给母亲的最后一件礼物，帮她偿还部分债务，并安葬了母亲。

乔治·华盛顿是家中的长子，父亲逝世时，他才11岁，家庭的重担都落在母亲一个人身上。他的母亲在商场上是十分出色的女强人，聪明睿智，擅长经营管理。她不仅要精心经营大片的种植园，妥善管理庞大的资产，还要承担起抚育几个孩子的责任，安排好家中的大小事物。她凭借勤劳、节俭、智慧、执着的个性，将一切都处理得井然有序，并取得不凡的成绩。令她感到欣慰的是，不仅所有困难迎刃而解，而且她的付出还获得了丰厚的报酬。孩子们都健康快乐地长大了，在各自的领域出人头地，拥有美好的前景。这不只是为他们自己赢得了至高的荣耀，也给母亲带来了无上的光荣和欣慰。因为母亲引导着他们一生的行为习惯和准则。

在克伦威尔的传记中，作家集中笔墨描写他母亲的品格，很少提起他那任护国公的父亲。他母亲有着充沛的精力，办事果断、利索。在没有任何帮助的绝境中,她也有着非凡的自助能力,她兼有顽强的意志和温和的天性。在极为不幸的情况下,她仍有坚定的信念和毅力坚持下去。凭借着自己的勤劳节俭,她给5个女儿备齐丰厚的嫁妆,让她们体面风光地嫁入豪门。她自己虽生活在英国政府的豪华宫殿,却仍坚持饮用早年生活在亨廷顿郡时常喝的那种酒。她有着仁慈、宽广的胸怀和一颗善良、博爱的心,并且正直率真,她本人以此为荣。她最不放心的是儿子的安全问题,显赫的地位往往暗藏杀机。

前面我们已经谈论了拿破仑的母亲,那是一位极富品格魅力的女性。在这点上,惠灵顿的母亲毫不逊色。惠灵顿深深地被他母亲的容貌、性格、品行所影响着。虽然他的父亲是位杰出的作曲家和演员,但惠灵顿却更多地继承了母亲的基因。然而,他的母亲并没有发现他的优点。相反,她认为惠灵顿智力不及常人,因而常忽略他,偏爱其他几个子女。直到后来惠灵顿取得了辉煌成就,母亲才为他感到骄傲。

纳皮尔兄弟俩都继承了父母身上的优点,尤其是母亲萨拉尼诺克丝夫人,对他们更是产生了深远的影响。在他们还是懵懂无知的小孩时,母亲就开始用积极、崇高的思想激发孩子的智慧,教导他们树立侠义的骑士精神,成就光荣辉煌的事业。母亲所教的洁身自好、恪尽职守等品格,他们从未敢稍有忘怀。这些深深扎根于两兄弟后来的生活中,指引着他们前进的道路。

罗伯逊教授的妹妹激起了布莱汉姆爵士强烈的求知欲,使布莱汉姆对她充满了敬意。此时他确立的不屈不挠的精神和对知识孜孜不倦的追求,成为他一生中最优秀的品格。培根、厄斯金和布莱汉姆的母亲,是在政治、律师、宗教学领域最经常被人提起

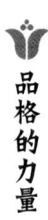

的几位著名的母亲。培根等人的母亲不仅才能超群,更主要的是她们见多识广,学识渊博。另外,亚当斯总统、赫伯特、坎宁、卡南、佩利和韦斯利等人的母亲也如出一辙。

坎宁的母亲是位很有天赋的爱尔兰妇女,她很聪明,是个天资聪慧的女人,非凡的儿子对母亲总是怀着无比热爱和尊敬,正如在他的传记中记载:"他的母亲是一个在精神方面拥有十足魅力的女人,感染和影响着她周围的人们。假如不是亲眼所见,没有人相信这是事实。坎宁从未停止对母亲的那种深深的爱戴,这一定是来源于他对母亲具有的高贵品格的追求。她总是选择新颖有创意的话题,并且在谈话过程中充满活力、慷慨激昂,鼓舞人心。了解她的人,都为她这种品格所折服。"

卡南满怀深情地谈论一位女性,一位极有悟性的女性,那就是他的母亲。他总是说:"我从父亲那里继承下来的唯一值得骄傲和夸耀的东西,就是像他本人一样的,不够吸引人的容貌和身材,若说世界赋予了我某些比容貌和身材更有意义和价值的东西,便是让我拥有亲爱的母亲珍贵精神的一部分。"卡南主要就是因为有母亲明智的劝诫、真诚的帮助,才获得成功。正是母亲的虔诚教给他要有远大的抱负。

美国前总统亚当斯在视察波士顿女子学校时,被学生们的品格深深感动。于是,他做了一次很有影响力的演讲。他主要是强调女性对自己的作用,特别是母亲在他生活习惯和品行性格形成过程中所做的突出贡献。其中有这么一段:"我从母亲那获得的一切教导(尤其是宗教和道德方面的),或许这些教诲并不尽完美,但在我的生活中,起着非常重要的作用。在我还很小的时候,拥有一位这样的母亲,是我能感觉得到的最快乐、最幸福的事。她分享着孩子的喜怒哀乐，并努力帮助他们形成高尚的品格。很多时候，我没有达到预期的目的，但这不是母亲的原因，而是我自己造成的。这样说，对我的母亲而言，才算得上公平吧！"

韦斯利兄弟一向都很孝顺，跟父母的关系非常好。但相对而言，他们的父亲虽然有着十分顽强的意志力，但有时会迁怒他人，过于粗鲁和严厉。母亲在他们的心灵和品格形成中，扮演着更为重要的角色。母亲一直是孩子学习的好榜样，她具有极强的耐心和领悟能力，温和善良，勤劳能干。他们之间像师生一样友爱，像朋友一样亲密。通过她积极的灌输，孩子们很小的时候就接触了分类学家的名称，产生了明显的循道宗教派的倾向。1709年，塞缪尔·韦斯利是威斯敏斯特的一位学者。母亲在给他的信中说："我希望你尽可能地从事某一方法的研究，这样能节约你大量的宝贵时间，而且能帮助很简捷地完成你的各项任务。"接着，她继续给儿子描述这种"方法"，并告诉他，"任何事物要发生一定的作用，都有一定的原则和规律"。这个劝告在很大程度上，影响着约翰和查尔斯兄弟在牛津成立俱乐部的事。

毫无疑问，诗人、文学家和艺术家在受母亲影响的深度和广度上，远远超过其他人。她的感情和品位决定了儿子的天赋能否充分展现。比如英国诗人司各特、托马斯·格雷、汤姆森、塞西、布尔沃、席勒和歌德等，他们的生活和命运都极为典型地反映了这一真相。托马斯·格雷是英国著名的诗人，代表作是《墓畔哀歌》。他的父亲不是一个容易让人接近的人，粗俗冷淡。他的母亲恰好相反，热情又富有爱心。被丈夫无情地抛弃以后，他的母亲独力支撑着整个家庭。她是个坚强而且乐观的女性。在某

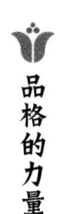

些方面看来,格雷有女性化的倾向,比如柔弱、腼腆羞涩、沉默寡言。但在生活习惯和人格方面,他却是无可挑剔的,因为这完全是从他那位伟大的母亲身上继承下来的。

母亲去世以后,葬在斯托克普克斯。格雷的最后一个愿望得到了满足,在他死后,他被葬在母亲的墓地边上,永远陪伴着她。格雷在《墓志铭》中称她是"孩子们和蔼可亲、细心讲究的母亲,不幸的是所有孩子中,只有一个比她活得长久些"。

将自己取得的成就归功于母亲的,还有歌德和席勒。他们都是因为受了母亲的熏陶和培养,才能够具有高尚的品格和志趣爱好。歌德的母亲是一位才华超群的女人。她知识渊博,充满智慧,而且乐观大方、活泼开朗,能够科学地运用自己掌握的人生阅历来教育孩子,精通刺激小孩求知欲的艺术。一位热心的旅行者在和歌德的母亲进行了一次小小的交谈后,恍然大悟:"现在我终于明白歌德为什么能成为歌德。"歌德对母亲也非常崇拜、热爱。他评价说:"她无愧于人生。"后来在参观法兰克福时,歌德造访了曾经给他母亲无私帮助的好心人,并对他们表示衷心的感谢。阿里·谢菲尔深深地眷恋着他的母亲。在《比阿特丽斯·圣莫妮卡》这幅名画中,他生动地描绘了母亲那迷人的风采。在他另外的作品中,也都有母亲的影子出现。正是这位平凡的女性,激发了他对艺术的敏感和热爱。谢菲尔的母亲积极地鼓舞和支持儿子从事艺术事业的研究,为此,她做出了巨大的牺牲。生活在荷兰的多德雷赫时,母亲先是将他送到利尔去学习,后又想方设法让儿子到巴黎深造。异地遥遥相隔,不免有些不舍和感伤,但在给谢菲尔的信中,母亲总是非常理性地劝慰他。有一次她写道:"当你觉得自己已在他人之上时,就拿出作品与自然相对比，真的做到完美无缺了吗？这样，你就更容易发现它与自己预期的目标差距有多大。当然，你也就不会自我陶醉、不思进取了。一次次我拿着你的照片，呼唤着'我的宝贝'，亲吻着照片上的你，眼泪就不由自主地涌出。要是你忽然从巴黎回来看我，那该有多好啊！你应该明白，在用严厉的言词批评、斥责你时，我的心比你承受着更多的痛苦和折磨……勤奋学习的同时，望你更要注意谦虚谨慎。"

许多年以后，阿里·谢菲尔已成为几个孩子的祖父，但母亲圣莫妮卡的忠告仍伴着他，代代相传。榜样的力量是无穷的，它永远年轻、充满活力。1846年，当阿里·谢菲尔给女儿玛乔琳夫人写信时，母亲的形象又浮现在眼前。他在信中说："亲爱的孩子，你一定要牢记于心头的一个词是'必须'。生活没有捷径可走，要想过得舒坦、幸福，你就必须努力争取。过去，你的祖母就是这样告诉我的。你要想拥有惊人的收获，只有通过辛勤的劳动，甚至付出一定的代价。现在我已经老了，回想这一生中的成果，无不是自己用汗水换来的，有些还得作出一定的牺牲才能得到。智者通常都以'禁止'作为座右铭。基督耶稣就是我们自我牺牲的表率。"

法国的历史学家麦克雷在他最为著名的一部著作的序言中，提及了他的母亲。这一做法马上引发了轩然大波。他在其中写道："写到这里我不能不提起我的母亲。虽然我还未长大成年她就离开了我们，但是她顽强而又严谨的态度一直是我的精神支柱，并不断给我以力量。至今有30多年了，她一直活在我的心里，陪伴着我。

"母亲曾经饱尝了生活的痛苦和艰辛，却没能和我一起分享

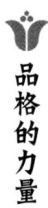

清静、悠闲的日子。年幼时，我常令母亲伤心，直到现在，我都没办法安慰她。因为我实在无力支付任何钱币，为母亲购买一小块墓地。现在甚至连她的骨灰存放在何处，我都已经记不得了。

"我深深地感激母亲，能成为她的儿子，也感到幸运和光荣。正是从母亲身上继承下来的因素，让我为流逝的岁月和淡薄的记忆而感伤。在我的言行举止和容貌中，甚至在我的性格和思想中，都有母亲的影响存在，我成了母亲的化身。

"我还能做些什么呢？这本关于女性和母亲的书，能否表达我对母亲的歉意和惭愧呢？能否弥补我过去的无知和过错呢？"

然而，就像母亲用自己的品格引导作为艺术家、诗人的儿子的心灵一样，她的行为举止和思想观念也很可能会对他们产生极坏的影响。诗人拜伦就是这样一个例子。他之所以狂妄自大、性情暴躁、自私自利，都是有迹可循的，并非无缘无故。从他呱呱坠地的那刻起，他的母亲的影响就无处不在。他的母亲脾气急躁、目空一切、刚愎自用。有时，母亲甚至还会嘲笑有生理缺陷的儿子。激烈的争吵成了家常便饭。气恼时，母亲还会抄起棍子或煤钳向他砸去，直追得拜伦四处逃窜。正是这种司空见惯的暴力，造就了日后心理有缺陷的拜伦。虽然他很伟大，但母亲在他幼小心灵植下的毒素一直在起作用，所以他急躁、忧郁，并且体弱多病。在他那首长诗《恰尔德·哈洛尔德游记》中，他宣称：

"是的，在我的思想中不该有太多的野性，我在黑暗中徘徊了太久，大脑如漩涡般地不停运转，未免过度紧张。年幼时不羁的心灵未被驯服，刚萌芽的生命已经浸满了毒汁。"

与拜伦的母亲虽有所区别，但如出一辙的是萨姆·福特的母亲，她的性情在那作为演员的儿子身上重现。即使继承了一笔数额庞大的财产,她也很快就将之挥霍一空,并且欠下了一笔巨债。最后,她因无力偿还而锒铛入狱。山穷水尽了,她只能给儿子萨姆写信求助,因为他曾答应过母亲,每年都从演出收入中拿出100英镑给她。"亲爱的萨姆,我因没钱还债被投入监狱,快来看看并帮助你的妈妈吧!E.福特。"而她儿子的回信更是出乎意料:"亲爱的妈妈,同您一样,我也因涉及账务问题而入狱。所以我现在无法履行对您的承诺和一个儿子应尽的义务,不能替你偿还债务了。萨姆·福特。"

因为愚昧无知的母亲所灌输的某种不恰当的感情,一个很有天赋的孩子很可能被毁灭。据说,诗人拉马丁生来多愁善感,并充满幻想,是一个非常敏感的人。他的母亲用卢梭和伯纳丁·圣皮埃尔学派的思想和观点来教育他,导致了他不幸的一生。错误的学说加重了他的感伤主义,拉马丁成了泪水、做作的牺牲品。令人更觉荒唐的是,他本人却标榜自己是"青少年尊崇的楷模和偶像",对自己充满信心。他被扼杀之后仍浑然不觉,这是多么不幸和悲哀啊!圣·波伏在谈到拉马丁时曾说过:"他是一个极有天赋的人,在他还不懂得如何去运用时,就已经被磨灭。"

在前面我们说过,华盛顿的母亲是一个极为出色的生意人。这种商业才能可以说是保持家庭和睦团结的必要因素,而且一点也没有与她的女性气质相冲突。其实,商业才能并不只是运用在商业领域,日常生活中同样不可或缺。它通用于一切需要准备、安排、组织、完成的事情。在所有这些方面,犹如经营一个商店和事务所一样,管理一个家庭需要管理者具备经商的基本素质,有勤俭的生活、正确的方法、有序的组织、严格的法律、精明的头脑和较强的能力,才能达到最终的目的。因此,女人也应具备

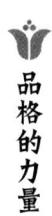

经商的素质，只有这样，她们在管理家庭时才能得心应手。

然而，迄今为止，商业只是男人们的专长。这是人们普遍的观点。女人在这一领域似乎是一窍不通的。以数学为例，布顿特先生曾经说过："一个男孩若懂得算术，那他就可以称得上男人了。"为什么呢？他觉得，算术会让男孩们懂得方法、精确度、等值和比例等知识。可有几个女孩能很好地掌握算术呢？这将直接导致极坏的后果：因为她们连最简单的加减乘除四则运算都不会，长大成家之后，她们势必无法记载收入和支出，如此一来，一个复杂的家庭出现争执和不愉快也是必然的。对于女人而言，不会运用简单的四则运算，就无法胜任家庭事务的管理。基于她们的蒙昧，虽然暂时能过得很奢侈很浪费，但危及家庭的稳定和舒适的因素是客观存在的。

商业活动的核心是方法，在家庭生活中也占据着十分重要的地位。因为有了方法，工作才能按时按量保质完成，它能让杂乱无章的事物变得井然有序。不管是男人还是女人，不守时都是令人反感的。不守时不仅浪费了他们的时间，还伤害了他们的自尊心，因为这让对方以为自己不受重视。对于商人来说，时间就是效益；但对于一个家庭主妇而言，方法具有更高的价值，它能给整个家庭带来和平、安宁、团结和幸福。

商业活动中人们的又一个重要的品质是精明，这是不可或缺的品质，无论对男人和女人来说都是如此。丰富的社会实践、有修养的判断力，会让你变得精明。拥有它们的人，知道该怎样处理事情，不仅使之显得合乎常理和逻辑，而且是恰到好处。他考虑到了顺序、时间、收入以及方法。只有以广博的知识作为后盾，才能更快、更好地学会精明。

鉴于上述这些原因，女性唯有具备了基本的经商习惯和能力，才能在日常生活和工作中充分发挥自己的聪明才智。由于女性还扮演着孩子的朋友、护士、老师等多重角色，文化素质和修养十分关键，这将影响孩子的成长和一生的幸福。

假如一个女人只拥有本能的爱，这是远远不够的。这是连最低级的动物也具备的，不需要经过任何训练。需要培养和教育，人才能获得理智。上帝交给女人繁衍、哺育后代这神圣而光荣的使命，其中也包含了道德和精神层面。女人必须明白，对身体健康的祈祷、对精神道德的高尚的向往，都可以通过在她们自己的家庭中的言行举止表现出来。她们的行为一定要符合自然规律。假如一个母亲不懂得自然法则，那她的母爱肯定是盲目、有害的，结果肯定事与愿违。

既然上帝赐予女人与男人同样的思考能力，那女人就应该将它应用到实践当中，而不是当作纯粹的摆设。这句话寓意深刻。或许上帝一向都很慷慨，但他从未浪费过自己所赐的东西。

女人若要认真履行自己的各项义务，要的不只是一颗善良、富有同情的心，她还必须有着精明的头脑。女人，并不是天生就只顾蛮干、不会动脑筋的，她们的生存不仅是为了自己，而且还得为他人着想。到目前为止，她们都将自己大多数的时间，浪费在掌握一些不切实际、转瞬即逝的技能上。其实，这些并不是女性的职责所在，因为它们可能会让孩子们更具有魅力和吸引力，增加孩子的妩媚，但在家庭事务中能够派上用场的却寥寥无几。

在古代罗马，坐在家中纺织的女人是为人崇拜的。而我们这个时代，有人声称家庭主妇的标准水平应是：在化学方面，能把水烧到沸点；地理方面，能区别家里的几所房子。只要学会了这些，就足够了！同样，对女性的认识非常肤浅的还有拜伦，他说女人仅需要读《圣经》和烹饪用的书。他的观点显得滑稽、荒谬，未免过于狭隘而又缺乏思考。与之形成鲜明对比的是时下的一种非常流行的想法。他们认为在一切事物上都应该是男女平等的。平等地接受教育，平等地拥有选举权和被选举权，平等地享有权利和义务。她们也可以为了私利，为金钱、地位、势力、名誉而进行残酷无情、自私的竞争。要说不同，那就只能在性别上加以区分。

对一种性别非常有效的训练和约束，一般情况下，也同样适用于另外一种性别。思想、教育和文化这些灌输给男人的，对女人也同样有益。在实际生活中，运用理性思维，能让女人们的行为更加正确有效。为女人应受更高的教育的辩护，就可以"以男人应受更高的教育"为理由，让一个女人在各方面都获得力量，是让她能够保持理智。她们办事更加严密谨慎，思想会变得深刻，获得最行之有效的管理方法。她们将有足够的能力来预防和处理生活的偶发事件。防止女人们过于天真单纯，不要盲目轻信他人，需要经过理智的培训，就能避免她们上当受骗。受到宗教和道德的熏陶，她们就能摆脱肉体感官的诱惑，更坚决地抵挡外界的各种影响。学会了自强自立，她们才能发现家庭幸福和舒适的真正根源。

但要强调的是，对女性品格和精神的教育不应只考虑到别人的利益，必须将女性自身的幸福摆在首位。假如女人被改造得面目全非，那么男人就很难有良好的道德基础。民族的情操主要取决于家庭的教育——如果你能认同我在前面提到的那个观点，那么，事关民族前途的重大问题就是女人的教育。男人优秀的道德、思想和人格的最可靠、最有力的保障和支持，是她们优雅高贵、纯洁善良的品质。若二者都能得到充分的发展，这个社会将和谐有序、繁荣昌盛、欣欣向荣。

大约150年以前，拿破仑一世就指出，优秀的母亲是法兰西最需要的。其内在含义就是，法国人民的素质并不是很高，教育的使命需要有正直、善良、高尚的妇女来执行。确实，第一次法国大革命的惨痛教训，让人们懂得女人的品格不容忽视，否则必然会导致严重的社会问题。夫妻间的忠诚和关爱不复存在，母亲只懂得责骂呵斥，整个家庭和家族不安定，众人流离失所，社会动乱不安。法国大革命是在"女人无力的呼喊和凶残的暴力"中爆发的。当爆发全国性的骚乱暴动时，社会堕落不堪，肉欲泛滥，吞噬了人们的良知和美德，女人高贵的品格也抛到脑后。

不幸的是，人们忽略了这悲惨的教训。法国之所以力量薄弱，应该归因于当时人民行为举止的轻浮，他们只顾肉体的享受，任凭侵略者践踏自己的国土。法兰西一次又一次地因为缺乏忠诚、自制力、纪律、正直而重蹈覆辙。拿破仑三世本人并不是酒色之徒，然而法国在他的统治下出现这么多问题，这就需要像拿破仑所说的那样，重视家庭的教育问题。

对一个国家来说，如果她的女性很庸俗，那么这个社会也就没有什么高贵而言了。反之，女性都是高尚、有教养的，那么这个社会肯定会兴旺、繁荣。虽然在世界各国，女性产生的作用不尽相同，但有一点不容否定，她们的素养会影响该民族的行为方式、道德和品格。

因此，教育女人无形中也教育了男人；女人的品质得到升华，男人的人格便也有所提高；女人精神的解放和自由，延伸且保证了整个民族的情操。因为国家是无数家庭的凝聚，民族是由众多的母亲缔造的。

女人的品格愈高尚，社会民族就愈稳定和文明，这毫无疑问。但如果在诸如政治和商业等粗糙的活动中，女人也投入其中参与激烈的角逐，这是否能给社会带来好处，就很值得深究。有很多男人难以胜任的工作，女人却可以轻松完成。同理，有些事情交给男人会更妥当。所以，近些年来，商业者富有远见地都努力地将女人从各种繁重的工作场所解放出来。

然而在北方，这种情况仍普遍存在：妻子和女儿在工厂里辛苦劳动，丈夫在家中坐享清福。这种情况的直接后果，是破坏了家庭秩序和安宁。女性应更加关注人类的食物问题。基本的烹饪知识由于没有被人们掌握，常常造成铺张浪费。女人应该充当保护人的角色，更加经济地、充分地利用食品，并做好储备工作，将它视为人类辛勤耕耘的劳动成果。这样，就在无形中养活了更多的人，扩大了目前的可耕地面积。她们不仅会赢得人们的尊敬和爱戴，还会被当作最伟大的慈善家。

第三章
与圣贤之士交往

塞涅卡说:"与生性恶劣的人交往,是很不明智的选择。这样做的后果是:它不仅影响了你外在的形象,还会玷污你内心的纯洁和善良。而且,既然已经播下了邪恶的种子,那它所带来的伤害就不可能是暂时的,必将在你今后的生活中发生作用,或许还会酿成深重的灾难和不幸。"

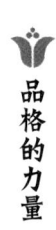

第一节　人际交往的重要性

乔治·赫伯特的母亲经常对她的孩子说:"食物能给你足够的营养,而身边的朋友和伙伴将引导你的人品的发展方向,或邪恶或善良,这可是关系到一辈子幸福的事。"人总会有意无意地开始模仿周围人的言行举止,不管他现在处于哪个年龄阶段。当然,年轻人的模仿能力总比老年人要强得多。

伯克曾经公开说过:"难道榜样一无是处吗?答案是否定的。人类最优秀的老师是榜样,产生的影响甚至重于泰山。"他还把自己的座右铭写在了给罗金汉姆侯爵的便条中,并且非常严肃地说:"我将永远把这句座右铭铭刻在心,作为自己言行的指导和原则,而且绝不间断,持之以恒。"假如有人认为周围任何人或事物都对自己不构成影响,实际上这根本做不到。因为这种模仿能力是与生俱来的,对伙伴们的行为举止,总是会产生或多或少、或深或浅的印象。

人们的模仿行为通常都是无意中发生的。榜样的影响力总是潜移默化、经久不衰的。如果一个极易受感染的人,遇到了一个极具影响力的人,可想而知,他会有多大的改变。当然,即使有鲜明的个性和优点,任何人也都会对周围的人或事产生一定的影响,只是强弱有别罢了。在日常生活交往中,人们的感情、习惯和思想会彼此产生影响。

爱默生研究发现,长期生活在一起的人或者是同住在一个屋檐下的夫妇，他们存在很多共同点。据此推断，如果两个人形影相随、寸步不离，那么经过一段时间以后，就很难找出他们的不同之处了。对于年轻人而言，更是如此。我们暂且认为这个理论是正确的，因为他们比较单纯、天真，很容易受到外界的影响，在他们的言行举止中总能发现周围的人的影子。

其实，处于儿童时期的小孩最易受到榜样的影响。随着年龄的增长和自身智力的不断成熟，他们的品性在很大程度上都趋于定型，就不再轻易地接受别人的看法和观点。一旦他们的行为变成一种习惯，就很难被改变。有时候，甚至连他们自己都没意识到，却已经出于习惯，放弃了原来的个性。

查尔斯贝尔勋爵在给朋友的信中说："虽然我们已经非常重视教育问题，但有一点却常遭忽略，那就是榜样的力量。我之所以能够自力更生，主要原因是我的家庭成员中几乎每个人都以'自力'为荣耀，尤其是我的哥哥，他一直是我学习的榜样。"

有这样一个故事。柏拉图有次看到一个小孩正在玩非常弱智、愚蠢的游戏，情急之下，他非常严厉地批评了那个小孩一顿。"你居然为了这么点小事对我大动干戈。"小男孩生气地回敬他。"你得明白什么叫积累成多，这些小事你做多了，不就成为大事了吗？"柏拉图告诉他。事实确是如此，正如俗语所说：习惯成自然。假如你习惯了不良的行为，它就会像可怕的恶魔一样，牢牢地绑住你。如果没有十分坚强的毅力来改变这种不良习惯，你就只能是它可怜的牺牲品。正因为如此，洛克提出，人们必须培养一种能够冲破习惯势力束缚的精神力量，控制自己某些不高尚的言行和品格。

虽然榜样无意影响我们每个人，但这并不意味着我们就完全

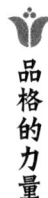

成了别人的影子。因为大家都有头脑，懂得思考，自然也会形成各自不同的观念和思想，作为自己生活的原则和奋斗的目标。在选择朋友和伙伴时，如果大家都按照自己的意愿和喜好来，在与人的交往中就不会是纯粹的被动方。意志力单薄的人，不论他是青年还是老年，都极易受嗜好的控制。如此，他很可能就会逐渐地为人征服，成为他人的跟随者和影子。

塞涅卡说："与生性恶劣的人交往，是很不明智的选择。这样做的后果是：它不仅影响了你外在的形象，还会玷污你内心的纯洁和善良。而且，既然已经播下了邪恶的种子，那它所带来的伤害就不可能是暂时的，必将在你今后的生活中发生作用，或许还会酿成深重的灾难和不幸。""通过一个人所结交朋友的举止，就已经能够大概清楚这个人的品行了。"这一句格言流传甚广。确实，知书达理的人不会和粗暴无礼的家伙走到一块；有良好饮食习惯的人，很难容忍与酒鬼为伍；具有高尚品性的人，也总是拒绝和荒淫放荡的人做朋友。

第二节　近朱者赤，近墨者黑

"近朱者赤，近墨者黑"，与优秀的人交往，接受他们的熏陶，你就能取其精华，养成他们的某些品质；反之，若总是结交那些卑鄙小人，可以说你自身也好不到哪里去。拉伯雷在他的名著《巨人传》中就探讨了这个问题。当你和品德高尚的人共处时，你会有如沐春风的感觉，心灵也得到了净化。反之，就会像西班牙谚语说的那样："跟狼一起生活，你只可能学会狼嚎。"

假如社会能给成长中的青少年提供一个良好的道德环境，并对其加以正确的诱导和教育，发挥他们本身的意志力，他们就能自觉地将品质高尚的人作为自己学习的楷模，激励自己不断进取。在现实生活中，有的人得到人们的关心和爱戴；也有为数不少的人，遭人唾弃，被人鄙视。

结交庸俗自私的人，很可能不需要太长时间，你就会变得跟他们一样自私自利，对那些无关自身痛痒的事，一概不感兴趣。此时，你很难形成勇敢坚强、心胸开阔的性格，而日益变得保守狭隘、不思进取、优柔寡断。这样的人，想在今后的生活中有所作为，将会非常困难。

相反，如果我们经常与优秀的人物交往，他们杰出的智慧和丰富的社会阅历会让我们在很大程度上受益。这不仅能开阔我们的视野，拓宽我们的知识面，也能成为我们生存和不断进取的动力。伟人的言行举止总会成为人们争相模仿的对象。与强大的人交往，则可以获得力量。从榜样经历的成功和失败中，我们也可以受到启发，学到很多东西。与这些聪明的人做朋友，将使我们更加敏捷、老练、乐观地处理生活中的难题，能增强我们的决心和信心，最重要的是，对我们良好的习惯和高尚的品格的养成，也有很大的促进作用。

西摩本尼克夫人曾经说过："我一直都为当初颠沛流离的生活所产生的影响懊恼不已。对我而言，那些罪孽深重而又无悔改之意的人是最不可容忍和宽恕的。一个人活在角落里，脱离社会群体，不要说没有机会帮助别人，就连帮助人的意识都已丢失。当社会圈子扩大以后，我还能获得别人的理解和认可，得到十分丰富的社会交往经验，慢慢地，他人身上有许多珍贵的闪光点会

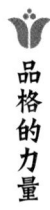

被你发现,而自己的人格在这时也同友谊一起升华。需要注意的是,一定要客观公正地认识自己,只有这样,你才能明确前进的方向,走好人生之路。"

诚恳坦率的建议、善意的批评、朋友间甚至只是无意中的一句劝慰,都会对年轻人产生重大的影响。亨利·马丁,这位印度传教士,就是一个生动的例子。当马丁尚在初中学习的时候,他从不积极参加学校或班级组织的各种活动,一向都不喜欢体育锻炼,因此他的身体很柔弱,而且还有点神经质,脾气非常暴躁。比他稍年长些的孩子常欺侮他,看着被激怒的马丁,他们幸灾乐祸,并乐此不疲。不过,有一个男孩总是尽力帮助马丁,向他伸出了友谊之手,不仅帮助他不被人欺负,还帮助他学习功课,他和马丁成了最好的朋友。虽然马丁并不是个很有天赋的孩子,但他的父亲仍然坚持要他接受大学的高等教育。为了一份奖学金,在他大约15岁的那年,他的父亲就试图将他送到牛津大学深造。

在杜鲁初级中学继续待了两年之后,马丁到剑桥的圣·约翰学院报名注册。出乎意料的是,他和那位初中同学在这里不期而遇,他们的友情依旧真挚。马丁暴躁的脾气逐渐加深了,而那位好友正好与他形成鲜明的对比,是一个极为沉着冷静的人。他细心地呵护马丁,劝他和教导他要学会控制自己的情绪。这位善良的年轻人还说:"并不是为了赢得别人的赞许才这样做,而是为了上帝的荣光。"在他的帮助下,马丁很快顺利地完成学业,并且在第二年年终的考试中,还拿到了全年级第一的可喜成绩。然而,马丁这位优秀的导师自己没有取得突出的成绩,很少被人提起。不过,他自身的价值并不能被否定。正是他崇高的理想和追求,为马丁形成良好的品格打下了坚实的基础。不久以后,马丁就成了印度的一名优秀传教士。

据说，著名的佩利博士在大学时期也曾经发生过类似的事情。在剑桥神学院读书时，佩利给同学和老师们留下非常好的印象，既聪明又能干，深受大家喜欢。可在这之前，他却经常被人取笑、嘲弄。因为虽然他天赋极高，却游手好闲，不爱动脑筋，也不善于思考，而且他从来没有节俭的意识，花起钱来大手大脚。当他升入大学三年级，学业上仍无起色。

有一次，他在街上游荡了整整一夜。第二天早上，他的一个朋友严厉地斥责他说："昨晚我一夜都没睡，在床上辗转反侧，就是因为你呀，佩利。你不过是一个穷小子，却老是干坏事。论资格，我比你更有条件去挥霍、去游荡，我有足够的时间和金钱，而你这种行为愚蠢到极点，让我彻夜难眠。现在，我要向你大声宣布：如果以后你不痛改前非，仍执迷不悟，我将会为你感到耻辱和惋惜。"

佩利被朋友的这一席话深深地震撼和感动了。他开始反省自己从前的所作所为，并重新规划了自己的生活和学习。此后，他就像变成另外一个人似的，做起事来劲头十足、一丝不苟。所有人都没有他勤快上进。在年终考试中，他终于打败了竞争对手，获得了第一名，而且在宗教和写作方面都取得了优异的成就。

榜样能对青少年产生重大影响，阿诺德博士对此深有体会。他的努力也没有白费，因为他让全校学生的品格都得到了提高。为了实现这一目标，他有自己的一套做法。首先，他打算用自己高尚的品格陶冶、熏陶他们，主动与学生中的骨干分子进行交流和沟通，成为他们的榜样和偶像；然后，再通过这些学生感染更多的人。阿诺德与每一个学员接触，试图融入学生当中，让他们

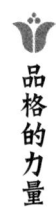

所有人都清楚自己肩负的重任和使命。

在阿诺德这种特殊的管理体制下,学生们的积极性被调动起来。他们感觉到自己被人依赖,充满了自信和力量。但不管怎样,每个学校都有害群之马,拉格比市立学校也不例外。阿诺德校长对此非常关注,他担心那些庸俗者会带坏其他人。记得他曾对一个副校长说:"看到那两个挨在一块的学生了吗?以前他们可没有什么接触。你一定要多加注意,看他们究竟想干什么,千万别出什么乱子。"

所有优秀的教师都会像阿诺德博士一样以身作则,时刻影响着学生。孩子们从他那里将会懂得做人的尊严,而这是一切美德的前提条件。阿诺德博士的传记作家评论他说:"是他让孩子们懂得了生活的意义和趣味,明白了什么叫活力和健康的情操。他对孩子们的成长有着深刻的影响。他那崇高的精神给孩子们留下了深刻的印象。即便后来他去世了,这种影响力依然存在,仿佛他依然活在孩子们的身边,和他们共同生活。"因此,"众多品德高尚的人的缔造者"是人们给予阿诺德的赞美,他的优秀品格也被广泛地传播到世界各地。

杜戈尔德·史第沃特也是一个杰出的人物,他那宝贵的人格也影响了一届又一届的学生。科克本爵士对他有如下一段评语:"在我的心目中,是他的演讲开启了我们通往幸福的道路,让我们得到真正的解放和自由。他那充满哲理的语言和深邃的思想,展现给我们一个更崇高的境界……这些对我们的品格产生了非常重要的影响。"

品格的影响总是渗透在生活的各个方面。它会形成一种氛围、一种格调,鼓舞着我们。同出色的人交往,周围就会充满清新的空气,让你心情舒畅,精神振奋。整个人如同置身于山野之中,沐浴着温馨的阳光,获得无穷无尽的力量。

第三节　榜样的激发作用

优秀的品格所产生的影响随处可见,哪怕只是那些伟人的一个眼神、一句话,也会深深地感染青少年。他们散发出来的善良、勇敢、正直和刚强等美德,总是被人们不由自主地推崇有加。

法国文豪夏多布里昂的一生都受益于华盛顿。可事实上,他们彼此只见过一次面。后来回忆起这次会面时,夏多布里昂说:"即便我从他的面前经过,他也不会认出我来。因为他当时已经功成名就了,而我却前途未卜。直至他到了另一个世界时,我仍默默无闻。他不记得我,这再自然不过。然而,华盛顿却用目光注视着我,其中似乎充满了力量。这让我感到很欣慰、很荣幸,它将鼓舞和激励我的一生。"

伯塞斯在谈到死去的莱布尔时说:"我们这代人中最了不起的就是他!他会让所有卑劣者羞愧不已,善良的人们则会将他引以为榜样和楷模。青少年都视他为最亲密的朋友和可敬的支持者。"在另外一个公开场合,伯塞斯还说:"对于一个摔跤手来说,如果他身边有一个强劲的对手存在,这是值得高兴的事。一个品德高尚的人即使已经不在了,但仍让人敬畏。邪恶的灵魂是绝不敢直面他的遗像的。"

众所周知,天主教的信徒们准备放债骗人时,都会拿一块纱巾将他尊崇的对象遮住。黑兹利特是这样评价该行为的:"在纯洁善良的美女肖像前,任何人都不会有勇气做伤风败俗的事情。"曾经有一名贫穷的德国妇女指着墙上的一幅杰出的宗教改革者的肖像说:"看看他脸上的真诚、刚毅,你将受益匪浅。"

其实,悬挂在墙上的那些伟人的肖像,同样可以成为我们的朋友,甚至比一般的朋友更亲切。虽然很难或者说根本不可能达到他们那样的境界,但是,细心地观察他们的容貌后,我们就会不断加深对他们的印象,并将自己同他们联系起来。如此一来,我们的品行和思想仍能有一定的提高,并不断趋于完善。

说到伯克的言行举止对自己产生的重大影响,福克斯每次都会非常自豪和激动。他讲:"如果用重量加以换算,我从书本上学到的科学知识和从日常生活中懂得的人生常识加在一块,也不及我从伯克的一言一行中学到的东西多。"

教授廷德尔把他与法拉第的友谊称为"力量和激励的典范"。共同度过一个难忘的夜晚之后,廷德尔写道:"他的工作值得向往和敬佩,更可贵的是,他能温暖人们的心灵,并使之得到升华。法拉第精力充沛,让我羡慕不已。但他谦虚、谨慎、开朗、仁慈的人品,影响更为深远。"

即便是温柔的性格,作用也能极为明显。华兹华斯就受到其善良温和的妹妹的影响,在他看来,是妹妹引他走向幸福的道路,影响了他的一生。华兹华斯的妹妹比他小两岁,天性率真活泼,温柔善良。正是她使哥哥踏上了诗歌这片土地。"是她,明亮了我的眼睛,开启了我的智慧,并悉心地照料我。是她,给了我淡淡的忧愁,丰富了我的情感。我的心里,充满了欢乐,充满了爱心,充满了激情。"从他这些话中,我们可以知道,温柔的性情也能通过情感和理智的力量，来影响他人的品格。

纳皮尔勋爵认为，母亲对自己品格的形成有着最为直接和重要的关系。在幼年时期，他跟母亲的接触最多，关于母亲的印象特别鲜明、深刻，这是永远都不可能被磨灭的记忆。另一方面，参加工作后，他的上司约翰·莫尔勋爵也有一定的功劳，正是莫尔勋爵让他的品格更加完善，成为一个真正的人。考察了年轻官员们的人格品质后，这位将军夸奖纳皮尔道："干得很好，少校！"而纳皮尔对他更是充满了深情。在一封写给母亲的信中，纳皮尔在描述莫尔被追随者环绕的小院时，说："恐怕没有人能从其他地方再找出这么出色的上司了。"后来，在另一个朋友兰德尔爵士的建议下，纳皮尔创造出一部杰出的作品——《伊比利亚半岛战争史》，让全世界的人都因此感激他。

没有人在成长的过程中能摆脱外界因素的影响，马歇尔·霍尔博士的一生充分论证了这一点。据调查，很多成功人士得到过他的帮助和建议。他经常教育年轻人："一旦确立了目标，就要通过不懈地努力去实现它，这样才有可能成功。"对朋友，他也是关爱有加。"我相信，只要你奋力去争取，一定会有所收获。"假如没有他，很多有价值的科研和调查就都不能按时完成，有些甚至无从下手。

一个人的品格力量往往会影响激发另一个人的品格力量，二者会产生共鸣。这种力量会对人类产生影响。榜样具有极强的力量，使人们无法抗拒，不自觉地去效仿。例如，一个人充满激情、精力旺盛，那就常常会让他周围的人变得开朗外向。他的力量，通过每一根神经来传递，最终碰撞出耀眼的火花。

传记作家在谈到阿诺德博士对年轻人的影响时说："他有一

种源于生活的活力，能让人产生共鸣，并能真正地震撼他们的心灵。因为他这种影响力的根源是深深的社会责任感和使命感，所以对年轻人产生的作用是持久、健康的。他还让年轻人对神充满了敬畏之情。"

伟大的品质总是能产生作用力的。因为它是力量的源泉，并将力量散播到遥远的地方和年代。但丁的存在，促使了一大群伟大人物的诞生。诸如：彼特拉克、薄伽丘、塔索等。弥尔顿的忍让，使那些恶毒的言语不再具有刺激作用，这就要归功于那些伟大的影响。许多年以后，拜伦激昂地写下了最美妙的诗篇，仅仅是因为他想起但丁曾经居住的那拉瓦那的松树林。在但丁的勉励下，阿里斯托和第欣最终也取得了辉煌的成就。因为他们的优秀会带动和感染周围的人，所以人们尊敬和爱戴那些杰出而又善良的人。伟人为社会营造了一个良好的道德氛围，自己的深邃思想便也能流传千古了。圣伯夫非常自信地说："将你崇拜的人告诉我，我就可以清楚你的志趣和潜能，并对你的品格有一定的了解。"如果你崇拜的是忠诚、勇敢、刚强的人，那么慢慢地，你也会变得诚恳、勇敢、刚强。如果一个人崇拜的是拥有显赫地位而缺乏道德的人，那他肯定是阿谀奉承、极力迎合之辈。只有庸俗下流的人，才会崇拜性情卑劣的人。

处于青少年时期的人，充满幻想和激情，是品格形成的重要阶段。随着年龄的增长，这种崇拜就会转化为实际的行动，偶像的魅力便逐渐减弱。在品格尚未定型时，加以正确的引导，鼓励他们向具有高尚品格的人学习，他们将会轻松地接受，产生十分有益的结果。假如没有榜样的示范和教育，青少年可能会崇拜一个罪大恶极的阴险小人。

只要学生表现出对某个杰出人物、名胜古迹或是光辉事业的向往，阿诺德博士就会感到欣慰。他常说："在我看来，一个人若没有崇拜的偶像，他将是非常可怜、不幸的。因此，如果谁丧失了对愚蠢、低下东西的防御能力，失去了天性中最美好的部分，他就容易误入歧途。"

阿尔伯特王子具有一个十分突出的优点，即他非常关注和崇拜他人的优秀事迹。有人在描述他的品格时说："只要那人说出一句名言或做过好事，他就会为了一个毫不相干的人感到快乐，不管说这句话的是一个小孩还是老练的政治家，他同样为之兴奋不已，而且念念不忘。在任何情况下，他唯一的原则就是去做好事。"

麦考莱把博斯韦尔贬得一文不值，说博斯韦尔是个十足的纨绔子弟，铺张浪费讲究排场，而且做事情缺乏理智和思考，贪慕虚荣，鲁莽冲动。但卡莱尔有着与麦考莱完全不同的观点。他认为博斯韦尔虽然在很多方面不尽如人意，但他尊重人们的传统习惯，崇拜品格高尚的人，由此可以看出，他是个心地善良的人。否则，他不可能创造出《约翰逊传》这样的著作。卡莱尔说："博斯韦尔确实写了本好书。"

没有人能对之加以否认。博斯韦尔出色的才华和深刻的洞察力在这本书中充分地展现出来。最为宝贵的是，他胸中溢满关爱之情，像孩子般敞开心扉，这使得他的眼睛能不断地发现智慧。心胸宽广的年轻人通常把英雄尊为偶像，当然，还有那些喜欢读书的人。阿伦·坎宁汉姆是一个石匠的学徒，他为了亲眼目睹在街头散步的沃尔特·司各特勋爵的风采，毅然从尼斯德尔徒步来到爱丁堡。大家都被这个小伙子的热情所感动，无不佩服他的行

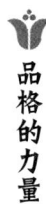

为。很多年过去以后，画家海顿还为曾经在故乡碰到雷诺兹而感到无比自豪。据说，乔舒亚·雷诺兹年仅10岁时，就十分崇拜教皇，认为可以从他身上获得美德。博士约翰逊先生，则是诗人罗杰斯童年时的热切的企盼，但是，后来当他真的来到约翰逊博士的住宅时，却连敲门的勇气都没有，只能失望地走了。与他有着同样渴望的少年伊萨克·迪士累利，虽然鼓足勇气敲开了博士家的大门，但是开门的仆人却告诉他一个非常不幸的事实，在几个小时前这位伟大的词典作者已经咽下了最后一口气。

另一方面，那些心胸狭隘、目光短浅的人，很难真心诚意地去推崇一个人。他们一生最大的悲哀是不能认识或谈论伟大的人物和伟大的事业。马屁精关于美的最高观点是拍马屁，崇拜卑鄙的人只会是卑鄙者。一个默默无闻的攀附权贵的人，其人生最高理想肯定是做一个人所共知的有权有势之徒。人贩子评判人的价值的标准和尺度是肌肉发达与否。当着教皇的面，戈弗雷·尼尔勋爵曾告诉一位来自几内亚的商人，在他眼前有两个世界上最伟大的人物，商人的回答却是："我看不出你们有多伟大，至少你们的容貌不能让人满意。我贩卖的任何一个人都比你俩强壮得多，按照骨骼和肌肉计算，你们至多能换10个几尼（旧时英国金币，合21先令）。"

罗谢弗尔德在他的一句名言中指出，即使灾难降临在我们最好的朋友身上，它也未必不会给我们带来某些愉快的东西，只有那些道德败坏、心胸狭窄的人，才会幸灾乐祸、落井下石，才会妒嫉憎恨别人的成功。一个人若缺少健康的心态和宽阔的胸襟，将是十分不幸的。爱嘲弄他人的人是为人们所厌恶的，因为他们总是把别人的成功和喜悦当做对自己的冒犯和羞辱。他们根本就不能容忍他人，特别是当和自己同属一个领域或职业的人受到夸奖和表彰时。

刻薄的批评者会如此尖锐地批评他的竞争对手："在这领域内，他受到了上帝的恩赐，难道我还不该厌恶他吗？"在同一件事情上，假如别人干得比自己出色，这是不可原谅的，但要是逊色很多，他们却能宽恕。一旦颠倒了，他们则会变成最无情的诬蔑者。自私、鄙夷和吹毛求疵充满了卑微狭隘的灵魂。对任何事情他们总是习惯于进行冷嘲热讽，而不论事情本身是否邪恶。他们身上最明显的特征是人格的缺陷和不足。

乔治·赫伯特说："愚蠢的人总是渴望他人犯错，否则他们会如坐针毡。"聪明的人在避免错误时，能更清醒地认识愚蠢的人。德国的一个作家曾经说过，若在寻找一个伟人或一个伟大时代的瑕疵上注入精力，是种极为可悲的品格。希望我们像博林·布鲁克一样，在批评这些人的时候，都显示出宽厚仁慈的一面。当有人怀疑马尔伯勒有一个不能确定的缺陷时，博林·布鲁克说："不管他是否有这个缺陷，我都不会因此指责他，毕竟他是一个伟大的人。"

人们会把伟人视为自己尊崇的偶像，无论他们是活着或死了，也会在一定程度上效仿他们。特米斯托克列斯在年幼时，同代人的光辉业绩就深深地鼓舞了他，于是，他誓死要忠心报国，并因此扬名天下。马拉松战役爆发后，他陷入了沉思。朋友询问原因，他回答说："因为我的大脑中一直想着米尔维安大桥战役的纪念碑，所以我无法入眠。"没过几年，他成为雅典军队的指挥官。在阿尔铁米西昂和萨拉米斯两场战役中，他把波斯军队驱逐到克尔克斯地区。人民都说他的勇敢和智慧拯救了整个国家，对他充满了感激。

据说，听了希罗多德念他的历史著作时，尚处在童年时代的修昔底德激动不已，不禁暗下决心，一定要有所建树。有一回，德摩斯梯尼听取亚里士多德演讲后，受其感染，立志要当一名出色的雄辩家。虽然，德摩斯梯尼底气不足，体质羸弱，口齿不清，然而他毫不气馁，坚持刻苦的学习，以他的决心和毅力克服了这些缺点。最终，他取得了巨大的成就，特别是那脍炙人口的名篇中，他精湛的技巧和艰苦的努力都渗透进了每一个句子。

与此相同，人们的品格会相互产生作用。这样的事例举不胜举。人们为了塑造良好的品格，选择伟人作为自己的榜样。无论是雄辩家、勇士、政治家、爱国者还是诗人、艺术家，他们或多或少、有意无意地效仿过去或当前的伟人，从伟人的行为举止中获得帮助。

国王、教皇和皇帝们同样会尊崇杰出的人物。弗兰西斯·德梅迪奇与迈克尔·安吉洛谈访时，每次都要脱帽致敬。尤利乌斯和迈克尔闲聊时，经常拉他坐到自己边上，而12个红衣主教却只能站着。查尔斯五世不仅为第欣让过路，甚至有一次亲自蹲下来捡起这位画家掉在地上的笔，交给第欣说："你值得一个国王替你效劳。"利奥一旦发现有人未经阿里斯托本人的同意就私自印刷和出版他的诗歌，就会把他们逐出教会。

除了那些音乐教授，许多人都尊敬和爱戴海顿。事实上，杰出的音乐家彼此间都缺少最起码的尊重。但海顿并不如此，狭窄无法缚住他，他甚至心甘情愿为波拉拉当仆人。熟悉后，波波拉的家人允许海顿接触这位大师。每天早上，为他刷掉大衣上的污垢，梳理杂乱的头发，还要擦皮鞋。海顿把这些事情都处理得很好。但波波拉开始时经常向他发脾气，慢慢地就变得和颜悦色了，最后他们产生了深厚的友谊。并且他很快发现了仆人的潜能，经他一番指导后，海顿跻入了名人之列，成为著名的作曲家。

亨德尔是海顿崇拜的另一个名人，甚至被他当作祖师爷。斯卡拉蒂是继亨德尔之后成为众人推崇的偶像，在意大利声名远播。莫扎特非常钦佩这位杰出的作曲家，他说："亨德尔好比一束耀眼的闪光，他的光辉远远强过斯卡拉蒂。"贝多芬还拥戴亨德尔为"音乐王国的集大成者"。贝多芬在世时，朋友送来了亨德尔的四十多卷作品，他把这些作品都搬进卧室，指着它们说："这就是真理！"他也因此而恢复了活力。

不只是过世的伟人，就是同时期的年轻人，一样能赢得海顿的尊重，如贝多芬、莫扎特等。卑鄙小人才会去妒忌同行的才华，真正伟大的人会相互学习，会发现别人的优点。

对于莫扎特，海顿这样评价："在音乐界的朋友中，尤其是伟人中，我最大的梦想是得到像莫扎特一样的赞扬。他的作品给人以激情和勇气，使他们在各自的领域内奋勇争先、积极进取。这点无人能及。布拉格最珍贵的人才就是他，应该把最丰厚的待遇给他。否则，作为一名伟人，他的一生太可悲了……想到皇宫居然没有聘用举世无双的莫扎特，他不能进入'特级'乐队，我感到特别气愤。请原谅我的激动，因为他太值得我们崇拜了。"

另一方面，莫扎特也诚恳宽厚地赞美了海顿的优点。他对一位批评家说："先生，就算我们两个人的能量集中在一起，也不如一个海顿。"莫扎特第一次听贝多芬的演奏时，不禁脱口而出："听了这个年轻人的演奏，他将来一定会成为世界上著名的人物。我敢肯定!"

巴芬认为牛顿是最杰出的哲学家,十分崇拜他,还常把他的肖像挂在自己的工作室。席勒对莎士比亚怀着崇高的敬意,他充满热情地研究了很长时间,终于能够较全面深刻地了解莎士比亚。同时,他也愈发强烈地崇拜这位伟人了。

坎宁的老师叫皮特,是他心中的偶像。坎宁由衷地敬佩皮特,跟随了他多年后,对他有种深深的眷恋。坎宁宣称:"任何人也不可能获得我的崇拜了。只要他活着,我都会忠诚于他。万一有天他离去了,我对他的忠诚将随他进入坟墓。"

对于一个年轻的艺术家来说,第一次接触的艺术品,具有十分重大的意义。回忆起自己第一次看到克劳德的作品《夏甲》时,卡雷古奥说,当时他就已经意识到这会成为他绘画生涯中划时代的事件。第一次凝视拉斐尔的作品《圣·塞西莉亚》时,卡雷古奥就感觉到内心升起一股力量,他兴奋得大喊大叫:"我也是一名画家了。"勋爵乔治·博蒙对该画也是如痴如醉,每次外出,总要将它随身携带。

人们的生活无不被杰出的人物深深地影响着。他们产生的模范作用也是不可磨灭的,将万古长存。科布登先生去世不久,迪士累利在众议院举行演讲。"伟人逝世,确实让我们蒙受了巨大的不幸和损失。然而,值得欣慰的是,我们的耳朵仍回响着他们的话语,我们的思想里仍有他们的影子。他们并没有真正地离开我们。他们帮助我们解决生活的难题,一直都在鼓舞着我们。在我眼里,科布登先生就是这样的一个人。"

伟人的经历告诉我们该怎样做人,因此我们也会充满信心和力量。只要意识到伟人的存在,哪怕是庸俗不堪的人,也同样会获得勇气和希望。我们有着与伟人同样的血统，他们所产生的楷模的力量也将与我们同在，统率着我们的精神，指引着我们前进的方向。

"他们不会死亡，因为他们永远活在人们心中。"中国人说，"圣贤的伟人永远是人们的榜样，将流芳百世。愚蠢和优柔寡断会因你学习圣贤们的礼仪规范而自动消退，智慧和刚毅果断将取而代之。"因此，那些伟人的榜样的作用会引导后人前进的方向。

伟人们说过的格言和他们自身所起的榜样的力量，必将世代相传，指导着人类前进的道路和方向，融入后人的思想和灵魂，升华人们的品格。亨利·马丁曾经说过："一个人最悲惨和最痛苦的，莫过于一生中没有留下任何值得回忆的东西。真正的伟人，活着的时候有意义、有价值，死了仍能给人类留下一笔宝贵的财富，并成为人们行为的准则。"

第四章
劳动是光荣的法则

思想麻木、四体不勤的人不可能得到真正的幸福,只有付出汗水和辛勤的劳动,才能得到幸福的垂青。在懒惰中我们的健康损耗,在劳动中我们的生命永生。尽管劳动可能使我们困顿不堪、精疲力竭,但它绝不像懒惰那样使我们精神抑郁,心灵找不到寄托。

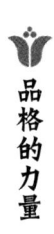

第一节　劳动是生命存在的体现

人们应该诅咒的是无所事事,而不是劳动。好逸恶劳才是万恶之首,而劳动是幸福的源泉。正如灰尘会腐蚀铁器一般,懒惰也会吞噬人的心灵,甚至将整个民族毁于一旦。亚历山大征服了波斯之后,亲眼目睹了这个民族糜烂的生活方式:他们厌恶劳动,只图享受舒适的生活,满足自身的欲望。亚历山大不禁感慨道:有什么能比好逸恶劳、贪图享乐更容易使一个民族奴颜婢膝?有什么能比辛勤劳动更为高尚?

古罗马皇帝塞勒留驰骋沙场、征战一生,他曾亲率军队征服美索不达米亚和不列颠。当他奄奄一息卧于床榻时,得知驻扎在格兰片地区的陆军部队缺乏良好的纪律,于是忧心忡忡,决定以此小事向该军团施加压力,警告该军团要纪律严明。他给士兵们发出的最后一道命令就是"绝对不可以放弃劳动"。凭借辛勤劳动和赫赫战功,罗马大军建立了蓬勃生机和无穷威望。

在远古时期,最普通的农业生产活动都被赋予了某种特殊的社会意义。古代的意大利就是一个很好的例子。从事农业生产往往体现了尊贵、高尚。古罗马著名的历史学家普林尼记录了这样一些情况:一个人的社会地位与他从事什么样的农活有关联,并不是随心所欲的。对那些立下赫赫战功的将军和凯旋的士兵,如果赐给他们田地,他们会感到无比荣耀,并且在农夫的指导下心满意足地亲自耕种。而且,那时的许多王冠被制成犁铧的形状,此举意义非凡。后来人们之所以渐渐觉得劳动（尤其是繁重的体力劳动）是一件可耻的事，是因为奴隶的大量使用。当罗马统治阶层被慵懒与奢侈之风席卷，其衰亡也就不远了。

人们最容易忽视也最难抵御的一种不良习性，可能就是懒惰。曾经有一个外国人周游世界，阅历颇丰，对许多国家和地区人民的生活方式颇为了解。当盖尼问他人类最大的共性是什么时，他不假思索地用蹩脚的英语答道："人类最大的共性是好逸恶劳！"这话令人警醒，上至王侯将相，下至黎民百姓，差不多都渴望不劳而获。在现实生活中，这种好逸恶劳的人类劣根性的确很普遍，它渗透了每个人的灵魂，所以英国哲学家穆勒认为，人们无形中都受到了惰性的驱使，为达此一目的，不惜牺牲其他民族乃至整个人类社会的利益。为了维护社会和平，不得不采取强制力量镇压这种惰性，专制政府于焉而生。

对一个民族如此，对个人更是如此。懒惰具有毁灭性，使人不断堕落。懒惰使人爬不过一个小山坡，战胜不了那些完全可以战胜的困难。人一旦拥有了惰性，就永远走不出失败的牢笼，一辈子无所作为。成功垂青于辛勤劳动的人们，而懒惰会成为人的一种精神累赘，使人整天庸庸碌碌、抑郁痛苦。懒惰对社会而言简直一无是处。

英国圣公会牧师、学者、著名作家伯顿的大作《忧郁的剖析》，是唯一一部使约翰逊每天早起两个小时来拜读的作品，它内容深奥而风趣。书中阐发了伯顿许多精辟独到的见解。他说，抑郁沮丧、精神萎靡总是与懒惰和无所事事紧密相连，万恶因之而起，邪恶于焉蔓延。它们像鸦片一样，既摧残人的肉体又腐蚀人的心灵，作为七大致命罪孽之一，懒惰为恶魔垫背搭梯，并统治他们的灵魂……一条懒惰的狗尚且污秽而遭人鄙弃，更何况是一个懒惰的人呢？这样的人自然会遭世人唾骂。比肉体的耗损更可怕的是心灵的空虚，再聪明的人也会因懒惰而变得不可救药，最终在恶念的驱使下天良丧尽。此时，他的灵魂早已逐出了艰辛与勤劳，剩下的只有邪恶和肮脏，恰如一潭绝望的死水，各种寄生虫和污秽的爬虫疯狂增长，肆虐泛滥，人的心灵也被邪恶的观念污染毒化了……如此，我们便可以大胆得出结论：无论贫富贵贱，无论男女老少，懒惰的恶神一旦占据心灵，他们的欲望无法满足，永远不值得信赖，也永远不可能富有。他们享受不到真正的幸福和快乐，所有的财富对他们来说只是一种奢求的开始，因此他们憎恨诅咒，疲惫不堪，叹息悲观。他们总有无数莫名其妙的哀伤，觉得世界太荒谬而不愿久留，希望自己的灵魂在进入天堂的同时，恐怖的幻影也能随之灰飞烟灭。

关于类似问题，伯顿作了大量论述。《忧郁的剖析》这本书的结束语充分体现了此书深刻的思想内涵。伯顿写道："有一条你需要谨记，就是无论何时何地，都不能使自己坠入懒惰、孤僻和寂寞的深渊，否则你休想得到真正的幸福与快乐。切记：万万不可懒惰，更不可精神颓废。"

有些人整日无所事事，漫无目的地到处游荡，然而他们的脑袋瓜子却运转神速，总是思索着如何才能窃取别人的劳动果实，怎样才能不劳而获。正如肥沃的土地不长稻子，却长满了茂盛的野草一样，那些坐享其成的人的生命里也蔓延着各式各样的"思想野草"，独不见美德。懒惰见不得光，总在黑暗中敲击着那些满脑子"思想野草"的懦夫的灵魂："我们是正义之神派来折磨你们这些无所事事的人的。"

思想麻木、四体不勤的人不可能得到真正的幸福，只有付出汗水和辛勤的劳动，才能得到幸福的垂青。在懒惰中我们的健康损耗，在劳动中我们的生命永生。尽管劳动可能使我们困顿不堪、精疲力竭，但它绝不像懒惰那样使我们精神抑郁，心灵找不到寄托。马歇尔·霍尔博士认为："没有什么比把自己闲置在一边危害更大的了。"一位智者将劳动视为治疗人类身心疾病的最有效的药物。美因兹一位大主教把人的身心比作一个大磨盘，如果把麦子放进去，它就会磨出面粉，如果没有麦子，虽然磨盘照常运转，却永远不可能磨出面粉来，反而磨损了磨盘自身。

人们游手好闲，不愿吃苦耐劳，总会找出各种各样的借口为自己辩解。"这山太陡峭"、"路上有狮子"、"别白费力气了，我试过很多次了，结果只有失败。"这些人受到了塞缪尔·罗米利先生的批评，他在给一位青年的信中这样写道："你总是说自己挤不出时间来，我看这只是一个借口罢了，最根本的原因是你不想埋头苦干。我郑重地批评你的懒惰行为。你说每个人都会把能完成的事情完成得很出色。如果有一个人没有完成自己的事情，说明他力不能及。你写不出文章是因为你不会写，而不是不想写。你对某一方面缺乏爱好，表明你没有这方面的能力。多么天衣无缝的理论啊！可是，如果你的逻辑被大众接受，将会产生怎样大的负面效应呢！"

毋庸置疑，不愿付出辛勤的劳动就想享受劳动果实的人是懦夫。用艰辛的劳动和汗水换来的东西才是最美好的，最具有价值的，人们才愈加懂得珍惜，并从中享受到无穷的乐趣。如果不用劳动换得，即使是一份很平常的悠闲也是苦涩的。获得任何东西都要付出相应的代价，否则，在享用时也很难心安理得。而且，在获取真理的过程中，人们的幸福和快乐在撒播，而不是真理本身，所以，必须不断进取探索真理，我们才能拥有自己的幸福和快乐。

当然，在紧张的劳作之余，千万别忘了稍事休息，放松自己，然后再继续工作，如此循环往复。要正确对待工作与休息，这样，无聊懒散才无机可乘。纯粹的劳动和纯粹的休息都使人烦闷空虚，寂寞难当，就像暴饮暴食令人难受一样，过度闲暇也无益于身心健康。有一位40多岁的乞丐，因为百无聊赖进了法国的布尔热监狱，并已经在那儿待了8年之久。在他的手臂上有一行刺青："昨天欺骗了我，今天折磨着我，明天还会恐吓我。"恐怕，这句话是所有好逸恶劳者的心声。无所事事的富人也好，游手好闲的穷人也罢，无不过着郁闷乏困、漂缈孤寂的日子。一个人一旦脱离了劳动，他也就和幸福擦肩而过了。

辛勤劳动，适用于社会的每个成员。地位的高低、身份的悬殊、财富的多少，都不足以成为人们不从事劳动的借口。只有各阶层的人各司其职，各尽其责，为社会作出应尽的贡献，才能为国家积累更多的财富。衣来伸手、饭来张口的阶层根本没有特权享受这种待遇，可他们毫无廉耻之心，偏偏醉心于此。把自己的享乐建立在别人的劳动之上，坐享其成，任何心存良知、道德高尚的人对此都会不屑一顾。这些贵族如行尸走肉一般，良知和人性在他们身上早已消失殆尽了。

在1869年，斯坦利伯爵就任格拉斯哥大学校长时发表的演讲，可以说感人至深。他说："一个人再怎么心慈面善，身份尊贵，如果他终日无所事事，就永远不会，也不可能会享受到人生的真正乐趣和幸福。因为没有劳动的生命像一口枯井，毫无生趣可言。在劳动中人生的存在价值才会得到显现，只有通过劳动你才能挖掘自身潜能，并确定自己的人生目标。我一直认为尊重劳动，热爱工作，是一个人保持良好品德的先决条件，可以预防各种卑劣思想、腐朽道德的侵蚀。尤为重要的是，对工作的热爱可以免除自私自利的烦恼和纷杂琐碎的焦虑的滋扰。有人认为只要躲进自己的小天地里，就可以摆脱烦恼和不幸的缠绕，然而无数实践证明这只是一个可笑而可悲的理论。烦恼和劳动都是不可避免的，劳动更是人生不可抗拒的命定。"

人经常躲避烦恼，却发现烦恼总是不请自来，忧愁会随时光顾。对那些复杂难办的事，懒惰的人想方设法逃避，只拣些轻松自在的活，但是公平的上帝把这些简单轻松的事变得同样艰难。只顾自己利益，不管他人死活的人，迟早会受到上帝的惩戒。责任感淡薄甚至丧失的懦夫，他们不崇尚公众的高贵品格，反而俯首于私欲和卑劣、庸俗的念头，上帝也不会坐视不管。其实，他们完全可以投入有益的、健康的事业，结果却由于私欲的驱动，在那些琐屑卑鄙的幻想之中白白浪费心智。

不劳动就不配享受劳动所带来的一切快乐。从纯粹的个人享乐主义的角度看，适当的劳动有益于身心健康。瓦尔特·司各特如是说："我们在替别人干活时，我们的梦依然非常香甜。在艰辛的劳动中，我们体味着真正的幸福。没有一个人不想拥有闲适的时光，但这必须由辛勤的劳动换来，否则，毫无乐趣和意义可言。唯有如此，才是幸福的生活。"

生活中的确有很多人死于过度劳累，但更多的人却是死于精神抑郁和无所事事。死于劳累过度的人没有协调好劳逸比例，从而使自己体力透支，这种做法无异于杀鸡取卵，为明智的人所不

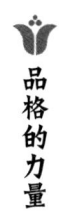

齿。上文斯坦利伯爵在演讲中提出的置疑很有道理：如果注意劳逸协调，还会危害人们的健康吗？

一个人的岁数并不是衡量生命的价值的标准，认为活得越久，生命越有价值，这是愚蠢的人才有的想法。衡量人生命价值的尺度应该是一个的兴趣爱好、所作所为。付出的精力越多，做的事情越有益，对社会的贡献越大，人的生活就越充实，生命就越饱满。一生只沉溺于吃喝玩乐的人，无异于行尸走肉，只是虚度年华，毫无意义。

圣保罗主张"不劳动者不得食"，他一直为自己能够自食其力而万分自豪。早期的基督教牧师都以从事各种艰辛的体力劳动为荣。雷波尼法斯带着福音书来到英国，凭着一手木匠活养活了自己，后来辗转到德国，仍然以他的木匠手艺维持生计。路德更是如此，园艺、建筑、车工工艺和钟表制造等多种活计他都做过。他从纽伦堡的一位男修道院院长那里得到了一套车工工具，并写信给这位修道院院长说："我很高兴，因为我在钟表制造方面取得很大的进步。比起那些醉醺醺的盎格鲁—撒克逊人来，我更懂得时间的宝贵。他们的酒杯总是斟得满满的，根本不在意时间的流逝，更不会去关心钟表和钟表制造商了。"是的，路德非常勤勉。

拿破仑是非常敬重那些劳动者的，他常常以鞠躬的方式表达他的感激之情。有一次，在圣赫勒拿岛他与巴贡贝夫人散步时，迎面走来一帮佣人，他们挑着沉重的货物，这位高贵的夫人怒气冲冲地大骂他们挡道，拿破仑说："夫人，我们应该尊重这些挑夫。"是的，只要为社会作出贡献，就值得我们去尊敬。工作是不分高低贵贱的，中国有句古话："男人们不耕田，女人们不纺纱，人们就一定要挨饿受冻。"

其实，持续有规律的工作不仅有益于身体健康，也有利于心灵陶冶。缺少了这种劳动，人们往往会萎靡不振，精神混乱，头昏眼花，生活就变得毫无乐趣，最后陷入癫狂之中。对女儿路易莎的教导，卡罗琳真是用心良苦，她在女儿婚后提醒女儿，对懒惰和无聊千万不能俯首称臣。她说："像你这样年轻的妻子，多多少少也会遇到这样的情况，当孩子们不在身边时，我感到自己像白天的猫头鹰一样昏昏沉沉，单调无趣，而这时你就要努力工作，兴趣盎然地处理每一件事情，以此排解无聊和郁闷。你祖父说得对，无聊是恶魔设置的陷阱，一旦掉进去，就成了恶魔的俘虏。"

持续有益的劳动可以提高人的自身修养。勤奋地工作，愉快地休息，事业精神两不误，他们无形而强大的道德力量能够感染周围的人。从事一项固定的职业，不至于使人无所事事，因此积极的行动者都精力充沛，满怀信心。工作永远胜过游手好闲。

席勒回忆起他从事日常机械性的车间工作时总是很得意，他说正是那段时光养成了他勤奋、专注的良好习惯。弗兰西斯·德拉克年轻时做过海员，老板强迫他认真刻苦地干活，这反倒使他受益匪浅，身体结实的同时，意志也更加坚定了。

第二节　劳动是人类幸福的秘诀

法国画家格勒兹说过："劳动，进行各种有益的劳动，是人类幸福的秘诀。"无数著名人物的亲身经历也证明了这句名言的

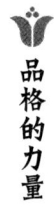

正确性。当初，在朋友的劝导下，法国新教神学家、古典学家卡佐本放弃了工作，打算去彻底地悠闲几天，可是很快，他因享受不了这份清闲而重回工作台。他说："我宁可带病工作，也不想在痛苦中无事可干。"

当查尔斯·兰博结束了东印度公司那单调乏味的文书工作，他觉得自己从此幸福了。他对一个朋友说："为了1万英镑干10年，太不值了！我不会再回到那个牢笼里去了。"他给伯纳德·巴尔通的信同样显露出了他的欣喜若狂："我几乎静不下心来写信，我的心怦怦直跳，以后的50年，我将很自在，我还愿意分一些我的闲暇给你！不过现在，我自由了！真的，人最幸福的时候就是什么事也不干，然后才是好的工作。"可是只过了两年，他发现以前单调乏味的工作是那样适合他，他的想法就完全改变了，而他直到现在才认识到以前时间是他的朋友，如今却成了他的敌人。他又写信给伯纳德："我唯一能做的，也是我做得最多的，就是闲逛。我是杀死时间的凶手，神不再给我启示。我终于相信，没有工作可做比工作更可怕，我几乎对任何东西都不感兴趣……上帝也不眷顾我。"

最懂得勤奋和专心致志的重要性的人，可能是司各特，他一生勤勤勉勉、笔耕不辍。洛克·哈特也这样评价司各特："像司各特这样勤奋而不知疲倦的人，就算在众多领袖人物和文学天才中找，恐怕也找不出几个。司各特总是语重心长地教导他的子女要勤奋。因为勤奋是通向成功与幸福的阶梯。"他还给他的儿子查尔斯写信说："我不厌其烦地要让你明白，只有劳动，才可能得到我们想要的一切。劳动是上帝施加给我们的压力，富人用劳动排解苦闷，农民用汗水换取面包。你要用努力获得知识，所谓一分耕耘一分收获，付出了就一定有所回报。当然，也不排除各种各样的机缘和偶然因素，比如，别人把农民的劳动果实掠夺。但不管怎样，知识是抢不走的，只有你才能享用这笔巨大的财富。亲爱的，你一定要好好利用时间，不断取得进步。你头脑灵活、朝气蓬勃、手脚敏捷、可塑性大，一定要把握这段时光，不要将来后悔莫及。'少壮不努力，老大徒伤悲！'"

塞西同样是一位勤勉的人，工作、劳动成了他生命中几乎不可或缺的一部分。他在19岁的日记本上写道："我19岁了，四分之一的生命虚度了，我真是惭愧。我只能是一条寄生虫，对社会没有半点贡献，为两个便士去替别人驱赶乌鸦的农民都比我强。"实际上，塞西一直非常勤奋。他阅读了大量英国著作，通过阅读结识了塔索、阿里奥·斯托马和古罗马诗人奥维德等著名文学大师。但他总觉得自己的人生没有方向，所以他很想专心致志地去做每一件事。他用毕生的精力从事文学创作，并不断取得进步，用他的话说就是："我博学但我更加贫穷，我贫穷但我更加自豪，我自豪但我更加幸福。"

座右铭往往能体现人的个性爱好。苏格兰历史学家罗伯逊最爱的格言是："知识丰富生活。"司各特最喜欢的格言是："永远保持一种奋斗的状态。"博努埃很勤奋，大学时有同学拿他的名字开玩笑，说他是"勤勤恳恳任劳任怨的耕牛"。普林尼和自然学家拉西比德都认为"生活离不了观察"，并将这作为他们行事的标志。瑞典诗人斯杰伯戈和弗里德里克·冯哈登堡两个人的笔名含义极为相近，意思都是人生如战斗，都体现了作者伟大的抱负。

柯勒律治曾说："懒惰的人消磨了时间，而一个办事有条理的人，却在相同的时间中延长了自己的生命。他们用道德的眼光看待时间，赋予时间灵魂和生命，对待时间就像对待朋友一样合理友善。如果浪费了时间，就如同背叛了朋友一样内心惶恐。从一个仆人的角度说，一个尽心尽职的仆人，总是把时间安排得很妥当，并加以充分利用。被时间抛弃的人可谓悲惨之极，这表明他的道德和良心已经缺失。仆人终归是仆人，要真正与时光同在，就必须变换仆人这个角色，从时间本身去考虑其价值。"

人的处事能力和纪律意识都能通过劳动训练培养起来。劳动增强了人的组织能力和纪律意识，并养成了互帮互助的习惯。虽然有时实际效果并不大，但事实上已经活跃了人的思维，所以，劳动永远比游手好闲好。当劳动成为了一种习惯，人们就在不知不觉中珍惜了时间，从而提高了工作效率，而这之后，休息就显得更有意义。

小事情蕴含大道理，生活实践中有很多东西值得人们学习。治理一个国家的方法也可以从经营一个小家庭中获得，就像前面我们谈到的，一个能力超群的家庭主妇，首先必须善于处理家中的各种大小事务，要学会精打细算，其次还应该是一个工作效率很高的人，把每一件事情都掌握在自己手中。这也是从事其他任何管理工作的必备才能，勤奋、自律、高瞻远瞩、讲求效率。

当然，这种驾驭世事的能力可以通过很多途径获得。不管是家庭管理、职业训练、商业和贸易往来，还是社会组织或政府工作，这种能力的培养是至关重要的。人也必须掌握这种能力才能在社会立足。

《玻尔莫尔公报》上有一篇文章如此写道：正常友好地与人交往，满怀热情地投入工作，都会训练我们的智力和应变能力；

随时保持待人处事的乐观心态，细心认真地处理好日常琐事，会让你更好地适应复杂多变的社会生活。并且你会发现，这些都是人生不可或缺的一部分。当你发现自己在工作时经常走神的时候，你就要努力加以克制，重新投入到工作中。唯有这样，才能坚强有力地去解决复杂问题，才能培养出专心致志的习惯和敏锐的判断力，才能成为一个受人尊敬的人。

必须参加社会实践，接受严格的纪律训练，只有这样才能创造更多的幸福。脱离了社会生活，再有才华的人也无济于事，因为人的智慧和个性是在实践中养成的。就像特洛楚将军所说：一个好的铁匠必须长期锤炼，一名出色的管理人才必须勇于实践。如果他们不懂得如何处世，也不可能有宽容别人的好品格。

司各特非常敬重这些管理日常事务的能人。他当众声称，包括一流领袖在内，那些政府高级官员，其实和普通劳动者没有区别，只是各自的岗位不同罢了。

伟大的将军、统帅的一些琐事更令人们津津乐道，他们处理每件细小的事物都谨慎周密。威灵顿任西班牙联军总指挥时，精确批示士兵们应如何做饭；在印度作战时，他规定了小公牛一天必须得赶的路程。后来，他的一位朋友读了他在印度作战的报道，便问："我觉得你在印度做的事主要是稻米和公牛嘛！"威灵顿说："有了稻米和公牛，我就有了人，有了人我才能克敌制胜。"的确，他的部队之所以忠诚而勇敢，是由于他精心的筹划和态度的严谨。

很多伟人大都具备非凡的胆识和过人的才智。当拿破仑的猛将朱诺率军来到蒙德古河岸时，威灵顿仍一人在该河河口的军营中草拟有关作战计划。当神圣罗马帝国统帅华伦斯坦率领六万人马与敌军交战时,他毅然下达了救治生病禽畜的命令。当恺撒横穿阿尔卑斯山时,他居然抽空完成了一篇关于拉丁修辞学的论文。

华盛顿心细如发,在孩提时代就努力培养自己的良好学习习惯和有计划地处理事务的能力。他13岁的时候抄了很多合同、契约、收据、兑换单、土地租赁证书等,而且抄得工工整整,一目了然。这对他后来管理国家大事打下了坚实牢靠的基础。

虽然我们看不到管理人士、行政人员的流血牺牲,但他们毫不逊色于作家和将士,他们付出的心血和汗水同样闪耀。每件传世之作里面都饱含了作者无数的辛酸;每个成功人物的背后都有着无限的奋斗;每场战役的胜利都付出了巨大的牺牲。

第三节 劳动是思想创作的源泉

有人认为天才不用留意日常生活琐事,更不需要进行日常生活的能力训练。从马克亚埃及沃斯的《马克亚埃及沃斯回忆录》中我们得知,比克纳尔先生是平凡而受人爱戴的人,但是我们只知道他的妻子是《桑福德和莫顿》一书的作者,而他也是因为他的妻子才为世人所知。"他有着许多伟大人物共有的毛病,无视日常生活琐事,讨厌艰辛的工作。事实却是,每一个伟大人物都尊重劳动,满腔热情地做事,甚至是一些卑贱的琐事。他们都是极其勤勉的,他们诚心诚意地工作,并从中学到了知识,增长了才干。传世之作的字里行间都流露着作者的艰辛。伟大的事业都不会一朝成功,成就大事的人不能不面对小事,只有把小事做好才能做大事，所谓'一屋不扫，何以扫天下'，正是此意。"

无所事事的人只有一个特点，那就是软弱无能；勤劳的人才拥有本领和力量，权力和荣耀也属于勤劳的人。辛勤努力的人才是这个世界的主宰者。每一个声名赫赫的政治家，都是埋头苦干的实干家。路易十四说："王欲治国，必勤勉。"

英国著名政治家、历史学家克拉伦登说汉普登是"一个十分勤勉的人，再繁重的工作也压不垮他，他从不马虎懒散，总是勇敢地承担起最沉重的事务，并以最顽强的毅力将它完成"。汉普登是英国国会领袖之一，著名的税务专家，他从没有抱怨过任何工作。有一次，他写信对母亲说："工作融入了我的生活，这么多年来，我为国家君王劳碌奔波，勤勤恳恳，没有丝毫懈怠之心，可是我却没有时间给我亲爱的父母写信，没有尽到一点孝心。"事实上，英伦三岛共和国的所有为公众利益奔波的政治家都是兢兢业业、无私奉献的领导者，克拉伦登也是其中之一，他在工作中全力以赴，勤勤恳恳，不知疲倦。

古往今来，许多杰出人物在工作时都活力四射、激情澎湃，随时准备着为理想献身。布莱汉姆勋爵是典型的工作狂，他把全部的精力和热情都倾注在工作上，不达目的誓不罢休。在废除谷物法的运动中，英国政治家、下议院议员科布登说自己是"一匹狂奔不已的马，得不到片刻休息"。这种不屈不挠的奉献精神非常令人感动。还有年高德勋的帕默斯顿勋爵，他热情高涨地投身事业，与年轻时相比，实在有过之而无不及，而且他整天乐呵呵的，一直保持着幽默风趣的工作作风，好像没有一点负担。他自己也说："一工作我就全身硬朗，精神舒爽，生活充实。最令我感到欣慰的就是有事可做。"爱尔维修甚至认为人们之所以走出

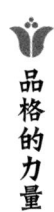

空虚，逃避无聊，靠的就是全身心地投入工作之中，这也推动人类社会不断向前发展。

一个人胜任工作的基本要求是在工作中享受到乐趣和幸福。良好的工作习惯，严谨的工作态度，优良的职业道德，只要你具备了这些要求，再加上热情和勇气，无论什么工作都难不倒你，乐趣也自会找上门来。加强与人的交往，充分与周围事物接触，努力做好本职工作，这些都会激活我们自身的细胞，增长我们的才干，增强我们热爱生活的信念。不管哪个领域的工作：行政管理、文学、科研，还是艺术创作，起码的纪律观念都是必不可少的，很多传世之作都出自训练有素的人们之手。当然，忽视时间观念也是不行的，工作讲究的是效率，善于利用时间才能出类拔萃。

英国许多早期作家都是各行各业的实务家，他们大都没有受过正规的文学训练，自然也就不存在什么文学家阶层，不过祭司、牧师、布道者等专职神职人员是个例外。英国诗歌之父乔叟年轻时是个军人，后来又成了一个海关审计员，这份工作可不轻松，他必须记下往来的详细账目，而且不能出丝毫差错。他只有完成这些烦琐的账目之后，才能高高兴兴地回到自己的小房间里看自己喜欢的书，直到读到头昏眼花，思维麻木为止。

女王伊丽莎白统治时期，英国追求物质利益，因此人们的生活水平大大提高。虽然当时社会生活显得十分粗俗，也根本没有现代意义上的文学工作者，但是却涌现出了一大批文学作品。有意思的是，这些名著都是"作家"在尽了本职工作之后写成的。比如，大作家罗利先后当过朝廷侍臣和士兵；斯宾塞当时担任爱尔兰代理勋爵的秘书一职；布朗是诺里奇的一个小医生；胡克是一个乡村牧师；培根先是一名平凡的律师，后来是国王的掌玺者和大法官；莎士比亚曾经是一家小戏院的老板，并充当着一名不起眼的演员，当时他一心想投资赚钱，并没有文学创作的想法。但无论如何，在实干中他们成了文学巨匠，伊丽莎白时代和詹姆斯一世统治时期也因此成了英国历史上文学成就极为辉煌的时期。

在查理一世统治时期考利担任过很多官职。他当过几位皇室领袖的私人秘书，后来专雇于皇后，对皇后与查理一世之间的信件进行加密和解密。这工作很繁重，不分昼夜，而且一直持续好些年。同时，弥尔顿也专职为英伦三岛的共和国做拉丁文秘书，接着又成了国王的助理。他年轻时还曾是一名地位低下的老师。弥尔顿真正成为一名文学健将，还是在王朝复辟之后。他总是说，要进行伟大的文学创作，必须在大量的有选择性的阅读的基础上，加强自身对材料的洞察力和辨别力。约翰逊博士评价弥尔顿说："弥尔顿无论是当老师，还是做其他工作，都极其勤勉，认真负责。这一点我们无可否认。"

除此之外，还有很多文学大师有着类似的经历。事实上，科学和文学与各种实际工作之间并不是风马牛不相及的，二者有内在的、本质的、必然的联系。许多科学发明与文学作品都直接来源于实际生活。伏尔泰一直认为，文学和生活密不可分。当客观现实生活与主观抽象思维相结合，当书本理论知识与社会实践生活相结合，两者就达到了理想状态，就能创造发明、不断前进。一个伟大的天才，只有深入生活，才能创造出具有生命活力的东西。

事实证明，许多不朽的传世之作并不是那些职业文学家创作

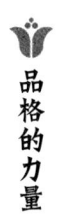

出来的，而是由各行各业的实干家创作出来的，文学对他们来说只是一种业余消遣。可见，其实文学就在我们身边，它并不是什么深奥的东西，重要的是我们要去发掘它。一些专业文学家觉得无事可写，那是他们的生活太单调、太贫乏了。

《季刊》的总编吉福德深知，纯文学创作是单调乏味而无意义的。工作之后得来一个小时的创作，其效率胜过闭门造车。工作使人的思维活跃，不会让人感到江郎才尽，无从下笔，相反，他会发现写作是种愉快的享受，写出来的东西因而更具魅力。

柯勒律治也认为："一般而言，无职业者不会拥有真正的快乐和幸福，天才就更不必说了。很多工作只需要平常人的健康、智力和努力，就可以出色地完成。其实，正是平凡造就了天才。只要人们智力得到合理开发，体力和精力得到正常发挥，就能出色甚至超常地完成任务，并得到精神上的享受，这样的劳动成果和欢愉之情才是无价的……"

意大利早期的文学家都是些政治家、外交官、法官、士兵和商人等实干家。他们来自各个行业，并不是纯粹的作家。但丁、彼特拉克和薄伽丘都担任过不同级别的大使职务；《佛罗伦萨史》的作者维兰尼是商人出身；伽利略、贾凡尼是医生；哥尔多尼曾是律师，后来竟成了意大利现实主义喜剧的奠基人。年轻时的但丁是药剂师。

阿里斯托父亲去世后，他不得不经营家业，照顾弟弟妹妹，没想到他把家治理得井然有序，一点儿也不亚于他的创作才能。他过人的才华很快传了开去，并得到别人赏识，被派去罗马和其他地方担任要职。后来，他又做了一个动乱区域的总管，以其清正廉洁的品格和刚正不阿的管理方式使当地风气焕然一新。公正、清廉、才华横溢、能力超群等词语是人们对他的评价，就连那些无赖汉也投来敬佩的目光。一次，绑架他的歹徒听说他就是阿里斯托，便立即护送他到了一个安全的地方。

其他国家也是一样。《巨人传》的作者拉伯雷曾经是一位医生和律师，后来才成了法国著名作家和人文主义者；瑞士的法学家维泰尔是一名出色的外交家及商人，著有《万国法》一书；席勒曾是外科医生；塞万提斯、西班牙剧作家卡尔德隆·德拉巴尔卡、葡萄牙诗人卡蒙斯、笛卡尔等都当过兵。

在英国，许多名作家都经过商，人们只知道他们的作品，对他们的生存方式却不了解。利洛在布尔特利从事珠宝加工制作之余，创作了很多有价值有影响力的戏剧作品；沃尔顿·伊萨克只在空闲时读点书，积累点知识素材；作家笛福身兼马匹代理商、砖瓦制造商、商店管理员和政治家于一身。

塞缪尔·理查森是英国有名的小说家，他把生意和创作结合得特别完美。他出售自己写的东西，他的书信体小说《帕美勒》被视为英国第一部小说，并对18世纪的文学影响深远。集作家、哲学家和政治家于一身的富兰克林，是一位著名的印刷工和书籍销售商。伯明翰的威廉·哈顿也相当不错，凭他的《伯明翰史》就可以知道，他是一名古文物收藏家。

在我们这个时代里，《激情史》的作者伊萨克·泰勒曾在曼彻斯特棉布印花厂从事雕刻印模工作。谢菲尔德的艾略特将他的条型铁生意办得红红火火，同时，又在业余时间创作了大量诗歌，在当今诗坛上声名鹊起。他很精明，用辛勤劳动赚来的钱买了一套乡下别墅，度过了一个愉快的晚年。

英国女作家麦考利担任战地记者时创作了《我的荒芜世

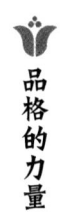

界》。约翰·密尔任东印度公司首席检察官期间，写了很多著作。荷尔普斯先生是著名人物，他那些充满智慧的作品都是在生意间隙中写就的。很多当代作家都身兼要职，汤姆·泰勒、亨利·泰勒、约翰·凯伊、安东尼·特洛普、马修·阿诺德和塞缪尔·沃伦等都是如此。

巴里·康沃尔是一位众所周知的伟大的诗人，其实，他就是律师伯洛克特。当时用笔名的现象很多，像巴利斯博士发表作品时也常用笔名，因为如果他们被人发现从事文学创作，就有失业的危险。这种轻视文人的社会风气，使得作家不得不身兼多职，比如夏龙·杜纳，不仅是著名的历史学家，同时是有名的律师；《被拒绝的演说》的作者贺拉斯和詹姆斯、史密斯兄弟俩，将职位显赫而又待遇优厚的海事法庭律师这个工作干得异常出色，博得人们的喝彩。

布罗德·里普先生在担任伦敦警务署律师期间，对自然史产生了浓厚的兴趣，并把大量精力倾注在对自然史的研究上，利用业余时间创作了《动物的娱乐》和《从一个博物学家的笔记本看世界》等具有重要学术价值的著作，此外，他还给好几家刊物写专栏。他花了巨大的心血去研究动物，还成立了一个很有影响力的动物协会。可是，这丝毫没有影响到他的本职工作，也没有招来人们的非议。同时，摄影和研究也在他的爱好之列，且成就斐然。

查查银行家的名单，我们可以找到很多文学家和史学家，例如《史前时期》和《文明起源和人的原始状态》的作者卢伯克，他同时也是博物学家和古文物收藏家；《回忆的乐趣》的作者罗杰斯；《政治经济学及赋税原理》的作者李·嘉图；《希腊史》

的作者格罗特；《洛伦佐德·梅第奇》的作者罗斯科；还有谢菲尔德的塞缪尔·伯利，他著有大量关于宗教、道德、政治、经济和哲学方面的书。

与之相反，一流的实业家为严格的科学训练和较好的文化熏陶所造就。要成就辉煌的事业，必须智慧过人、勤奋钻研、纪律严谨、思维敏捷、胆识超群，而这些都要经过严格的训练。蒙田在谈到真正的哲人时指出："如果他们很有学识，那么他们的行为一定更伟大……无论什么事情，我们都可以从中看到他们高尚的品质、充实的心灵、伟大的灵魂。他们的灵魂在知识的海洋中遨游时得到了提升。"

同时，因为我们时刻处于空想之中，很多与实际社会并不一致。有一点我们必须承认，一味地死读书，不代表就有生活的能力；善于思维是一回事，善于生活是另一回事。知识不等于能力，只有把知识融入生活，才能成为一种能力。那些两耳不闻窗外事，一心只读圣贤书的所谓知识分子，做起文章来得心应手，一旦投入实践就不知所措。所以，真正的思想家必定也是实践家，他们一面思考问题，一面付诸实践，将生活与学问统一起来。英国物理学家、数学家和天文家牛顿就是一位十分杰出的铸币局局长；洪堡兄弟在文学、哲学、语言学、文献学、采矿业、外交、治国等方面的成就也很突出。英国天文学家赫歇耳也是如此。

著名历史学家尼布尔在事业上取得的成就同样受人瞩目，他出任丹麦驻非洲领事馆的秘书兼会计，表现出极强的工作能力，后来被任命为国家财政管理委员会成员，再后来，又辞职当了柏林一家银行的负责人。后人只知道他是以历史学家的身份闻名世界，却不知道历史只是他的一个业余爱好。他在繁忙工作的间隙研究罗马历史，写出了《罗马史》这本史学巨著。他同时还学习了阿拉伯文、俄文及斯拉夫语。

当然，生活中更多的人没有同时具备两项才能，要么只懂理论不知实践，要么只会实践不懂理论。贝利说："善于思考的人会反复思考，从而得到一整套理论体系；积极实践的人会切实行动，从而拥有快速敏锐的行动能力。无论注重哪一方面，都会使自己在另一方面的能力减弱。所以，朝廷中的重臣往往是生活中的稚童。"

众所周知，拿破仑重用有才能的人，他不仅敬佩科技工作者，还任用他们管理政务。达鲁就是一个很好的例子。他有丰富的生活经验，曾在马塞部下任军需管理监督员。后来拿破仑得知他文笔出色，便提升他为政府兼帝国事务总管，达鲁犹豫地说："我在书中活了大半辈子，恐怕已经没有时间再去学怎样当好一个廷臣了。"拿破仑却笑着回答："我已经有了很多出色的廷臣。但我需要一个乐观开朗、学识渊博、沉着冷静而不失机警的管理人员，你是其中最棒的一个，所以我选择了你。"果然，达鲁干得相当出色，而且他一如既往地保持了谦虚、廉明的作风，让人肃然起敬。

拿破仑也有用人不当的时候。当时，拉普拉斯是法国家喻户晓的天文学家、数学家及物理学家，他刚刚担任帝国内务部长不久，拿破仑就意识到了自己的错误。后来，谈到这位科学家时他说："拉普拉斯做什么事都像做微积分推理一样，逻辑地公式地去解决。因为他善于精密烦琐的学术分析，他把适用于科学上的处事方式带进风云万变的政治公事上，这显然是不可取的。"这么多年来，拉普拉斯头脑中形成的这一套思维方法、行动方式已很难改变，因此也无法适应复杂的行政工作的需要。

热爱工作的人有时候会因为一些客观因素被迫离开工作岗位，也会立即去寻找新的工作，因为他们无法忍受无所事事带来的痛苦。他们习惯了忙碌的生活，他们一刻也闲不住，更不会让懒惰占据心头。他们会珍惜每一分钟，不像懒惰者任凭时光溜走。

英国玄学派宗教诗人乔治·赫伯特说："我没有空闲时间。"培根也说："勤劳的人们没有闲暇时光，他们不是不想停下来休息，而是觉得这种休闲纯属多余，直到他们实在坚持不住了，才会去享受那些闲暇的时光。"总之，很多丰功伟绩都是在"闲暇的时光"中创造的。在勤奋者的眼中，浪费时间就是浪费生命，工作比闲暇更有意义。

人们的兴趣爱好可以促进工作能力的提高，因为兴趣爱好是一种动力，使人专注于一件事而乐此不疲，并获得精神上的愉悦。罗马皇帝多米提安乐于捕捉苍蝇的嗜好的确独一无二。马其顿的一个国王爱好做灯笼，而法国有个国王喜欢制锁。有时候，工作之余的休息是劳动给人的回报。从事一些日常机械工作反而是一种宽慰和快乐，幸福和快乐存在于劳动的过程中，而不是结果。

当然，最好的兴趣爱好还是寻求知识，头脑活跃、精力充沛的人，总是在工作之余从事自己爱好的事业，包括艺术、科学、文学等。这种高雅的消遣方式，不仅让人获得乐趣，有的人还因此声名鹊起。所以，布莱汉姆说："拥有嗜好的人是幸运的。"他本人就是一个兴趣广泛、个性丰富的人，从文学到光学，从历

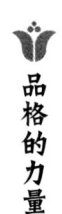

史传记文学到社会科学，他都有所研究。

除了布莱汉姆勋爵，许多著名政治家、军事家也都爱好文学，并创作了很多经典之作。恺撒的《高卢战记》，色诺芬的《远征记》、《希腊史》和《回忆苏格拉底》都是作者在战事间隙写就的，他们也并肩昂首于世界文学大师之列。

当苏利被解除部长一职之后，被迫隐居。在隐居期间他写了《回忆录》一书，以便后人了解他政治家的风范。除此之外，他进行了浪漫主义文学的创作，只是直到他临终才被人们发现。

法国著名经济学家、重农学派代表人物之一杜尔哥，在任路易十四的财政大臣时，被人陷害而失去了职务，只能赋闲在家。他着手研究文学，重拾早年对古典文学的兴趣。当痛风病袭来时，他便写一些拉丁诗自娱自乐。

当代的许多法国政治家视文学为自己的职业。法国君主立宪派领袖基佐同时也是著名的历史学家，著有《欧洲文明史》、《法国文明史》等。梯也尔著有《法国革命史》和《执政府和帝国史》。那时，他是法兰西第三共和国的总统。著名的政治家托克维尔，当选为法兰西第二共和国时期的制宪会议议员，担任宪法起草委员会委员，与此同时，他创作了许多文学作品，如《论美国的民主》、《旧制度与大革命》等。政治家拉马丁有诗作《沉思集》。拿破仑三世的《恺撒传》，在学院派著作中也赫赫有名。

英国许多伟大的政治家同样喜爱文学。英国首相皮特退位之后，与福克斯一样潜心于古希腊和罗马文学研究，格伦维尔说皮特是最负盛名的希腊文学研究者。坎宁和韦尔兹利离任之后，也热衷于翻译古罗马诗人贺拉斯的颂诗和讽刺作品。坎宁的传记作家还记下了一个小故事：一次，当众人在饭桌上聊天时，坎宁却和皮特在小餐厅中讨论古希腊文学家。福克斯同皮特一样酷爱古希腊文学，著有一本不完整的《詹姆斯二世的历史》，但它对后人的研究工作依然极具价值。

应该说，乔治·科勒维尔·路易斯先生是当代政治家中最有才能的人，他既把文学当作一种兴趣爱好，又将它定为终身职业。乔治·路易斯确实太过热衷于书本，不然可以活得时间更长。他整天忙忙碌碌，不是忙公务，就是沉浸在阅读、思索、科研之中。

路易斯先生勤奋刻苦的精神和严谨求实的态度令人敬佩不已，这也注定他将成为一名优秀的实干家。他创办济贫理事会并担任董事长，之后又任英国内政大臣、财政大臣、战地秘书长。每一个职位，他都做出了骄人的成绩，得到了人们的赞赏。更为重要的是，在历史、政治学、人类学和古文研究等众多领域方面他都有独到的见解，他的两部传世之作《古代文明民族的天文学》和《论罗马语言的形成》显示出他精深的学问。他还喜好钻研一些深奥抽象的学问，并从中得到满足和愉悦。帕默斯顿勋爵担心他荒废公务，就劝他"不要走得太远"。

人的政治生命总有终止的一天，而文学大门永远不会关闭。许多政治家都极力从文学创作中寻找安慰。他们的政治观点可能背道而驰，文学爱好却惊人地一致，比如都喜欢荷马和贺拉斯的作品。保守党领袖迪士累利在离任之后写下了不朽之作《洛泰尔一世》。英国自由党领袖格莱斯顿出任首相之时，利用空闲时间创作了《荷马和荷马时代研究》，并编辑出版了《法利利的罗马国家》一书。

此外，英国首相罗素也算得上是真正的小说家和成功的政治家。利顿勋爵则把文学当作真正职业，从政反而是他的一种娱乐消遣方式。

总而言之，对人的身心来说，适量的工作和劳动有益无害。科学合理的工作有助于身体各部分器官之间的协调运动。劳动是人类存在的体现。作为高智能动物的人，是由各个身体器官有机结合而成的，只有各个器官协调运动，才能促进身心健康。当然，我们也要坚决反对过度的劳动，它会打破机体内在的平衡，会使体力和精力透支，有损身心健康。

人们应该做一些自身能够承受的工作，否则就会像沙盘磨轮一样空耗自己的生命，带来不必要的忧虑和损伤。理论上说，工作有益于身心健康，这指的是积极的、使人有浓厚兴趣的工作。参加任何工作都要劳逸结合，合理安排作息时间，使自己的心智和健康处于最佳状态，从而取得更高成就，拥有更多的幸福。

第五章

人类的英雄气概

这些科学殉道者在真理面前无所畏惧，在孤独中忍受一切不公正的待遇，他们的勇气令人敬佩。他们即使得不到丝毫的鼓励与同情，也决不放弃他们的追求。这其中表现出来的勇气要比在炮火连天、杀声震天的战场上的勇气高尚得多。

第一节　真正的勇气离不开道德

人类取得的每一次进步，都与那些思想先驱、伟大的发现者、爱国者以及各行各业的英雄人物所表现出的大无畏分不开。人类每前进一步，都要战胜无数的艰难险阻。每个真理的诞生、每一种学说的普及，都是勇于正视铺天盖地的贬斥、诽谤和迫害的结果。海涅说："伟人用灵魂说真话的时候，也是他受难殉道的时候。"

许多人终其一生都在寻求真理，他们在浩瀚的典籍中苦苦追寻，终于用辛勤和汗水揭开了真理的面纱。渴望真理而不得的人，是懦弱和不幸的。只有为真理而战的勇士，才能真正地沐浴在真理的光辉之中，因为他们热爱真理，不顾一切捍卫真理。虽然这种体验转瞬即逝，却是一种最幸福的情感。

苏格拉底被指控蔑视国家守护神和败坏雅典青年，他的学说有违于他所处时代的人们的偏见和教派精神，被判饮鸩自尽。但是，他凭着道德勇气，勇敢地面对专制法庭对他的控告，以及那些不能理解他的群氓和暴民。他临死前发表了万古不朽的演说，他对法官们说："我即将死去，而你们还活着，但是除了英明的上帝，谁也不会知道我和你们的命运哪一个更好。"

太多的杰出人物死于宗教迫害。布鲁诺被活活烧死，因为他揭露了那个时代颇为流行却大错特错的学说。而在罗马，他面对法庭的宣判，依旧坦然地说："我如此慨然赴死，你们会因此而胆战心惊吧!"

紧随布鲁诺之后的是伽利略,他作为一个殉道者,其名声比他作为一个科学家还高。他因为提出了关于地球运转的观点,遭到教会的强烈谴责和迫害。70岁高龄的时候,他还因"异端邪说"被押往罗马并投入监狱。虽然没有遭到严刑拷打,却在狱中度过了余生,死后仍不得安宁,罗马教皇不允许他的尸体下葬。

早期的英国思辨哲学家奥卡姆被教皇开除教籍,流放到慕尼黑,幸运的是,德国皇帝待他非常友善。

罗杰·培根是修道士,因其在自然哲学方面的研究而惨遭迫害,人们竟将他的化学研究指控为玩弄巫术。因此,他的著作被人排斥,他本人也遭到10年的牢狱之灾,虽然这期间换过多任教皇,但他并没有蒙恩被赦免。有人说他最后死在狱中。

维萨里揭示了人体的奥秘,就像布鲁诺和伽利略揭示了天体的奥秘一样。维萨里用实体解剖来研究人体结构,勇敢地打破了人体研究方面的禁区,为解剖学奠定了牢靠的基础,不想却为此付出了生命的代价。宗教法庭将维萨里视为"异端分子",将他判处死刑,后来由于西班牙国王的求情,才减为千里迢迢去朝觐圣地。可是在他返回途中,因为发烧和贫困,悲惨地客死桑德,当时他正值盛年。他是又一位科学的殉道者。

弗朗西斯·培根是英国赫赫有名的哲学家,当时他的《新工具》一书甫一发表,就掀起了轩然大波,人们纷纷反对,认为这本书有产生"危险革命"的倾向。连英国皇家协会也认为,《新工具》一书所阐释的经验哲学思想会颠覆、动摇基督教信仰。有一个叫亨利斯·塔布的博士专门写了一本书痛斥培根的新哲学,(若非如此,他的名字早就湮没在历史中了)将所有经验主义哲

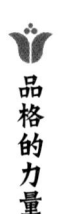

学家视为"新培根一代"。

宗教法庭把哥白尼的拥护者当作异教徒加以迫害,开普勒是其中之一。他说:"我总是站在与上帝命令不一致的一边。"同样,富兰克林因为揭示雷电之谜而被判有罪。甚至连最淳朴、最没有心机的牛顿(伯奈特主教说牛顿是最纯洁最聪明的人)也因为万有引力定理的发现被判为"亵渎上帝"。

斯宾诺莎因为其哲学观点有违犹太教教义而被逐出教籍,并一直遭到迫害。但他毫不畏惧,凭着勇气自力更生,虽然非常贫困凄凉,但自信丝毫未减。

同样,笛卡尔的哲学被斥为敌视宗教;洛克的学说被指责为唯物主义的温床;当今的布坎南、塞奇威克先生及其他资深地理学家被指控有推翻《启示录》中有关地形及其历史的启示的倾向。的确,无论是天文学领域、自然历史领域或物理学领域,任何一个伟大的发现都会受到偏激和狭隘之人的攻击,而被冠以"异端邪说"的罪名。

有一些未被控诉为敌视宗教的伟大的发现者,依然受到来自同行和公众的嘲笑和谩骂。约翰·亨特说:他做的仅有的几件好事,不仅用了极大的努力去克服困难,也用了巨大的勇气去面对各方的斥责和反对。哈维博士的血液循环理论公之于世不久,医疗业务锐减,以至于被医学界嘲笑为是个十足的傻瓜。查尔斯·贝尔先生在神经系统研究的一个重要阶段曾写信给朋友说:"如果我不是这么贫困,如果我没有遇到这么多的烦恼,我该是多么幸福啊!"他的研究已被列为生物学上最伟大的发现之一。可是,自从他的发现公之于世之后,他的业务也明显减少了。

可见,那些让我们更加了解天文、地理和人类自身的知识领域的拓展，都离不开过去的各时代中的伟人的热情奉献、自我牺牲和英雄气概。无论这些伟人受到怎样的谩骂和反对，他们依然奋勇直前。

对于那些认真勤奋、诚实耐劳并毫无偏激地说出他们的信仰的人，我们应该宽容为怀，而不是打击压迫。我们可以从这些不公正地、褊狭地对待科学巨人的事例中得到警示。柏拉图说："世界是上帝交给人类的书信。"所以，认真研读上帝的书信，我们会更加深刻地理解它的真正含义，会对上帝有一个更深入的了解，更加尊重上帝的智慧和力量，更加感激上帝的恩赐。

这些科学殉道者在真理面前无所畏惧，在孤独中忍受一切不公正的待遇，他们的勇气令人敬佩。他们即使得不到丝毫的鼓励与同情，也决不放弃他们的追求。这其中表现出来的勇气要比在炮火连天、杀声震天的战场上的勇气高尚得多。在战场上，最懦弱的人也会因战友的同情和军中勇士的激励，勇往直前。随着时间的推移，这些科学殉道者的名字也许会被人渐渐淡忘。在真理的战场上慨然赴死的人是真理最虔诚的信仰者。

这些深怀历史使命感的人，显示出了大无畏的精神，并为我们做了一些极其睿智的预测。就算是一些温柔贤淑的女子，也决不逊于男子，她们正义凛然、勇气非凡。

玛丽黛是一名贵格会教徒，因其对人民群众布道被施以绞刑。在绞刑架面前，她从容不迫，在就义演说之后，平静地死去。安娜·阿斯库被施以脱肢刑，即使关节脱臼，她也不吭一声，一动不动，只镇定地注视着施刑者的脸，不愿忏悔，更不愿放弃自己的信仰。拉迪米尔和里德利也没有哀叹自己不幸的命运，而是像新娘一样欣然走向圣坛，慨然就义。拉迪米尔甚至愉

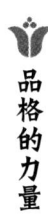

快地说:"我们今天将在英格兰点燃智慧的圣火,它在上帝的庇护下永不熄灭,它折射出的理性之光将泽被整个英国。"

虔诚善良的托马斯·莫尔先生泰然面对断头台,他具有非凡的勇气,宁死也不背弃对真理的信仰。当他下定决心坚持自己信仰的时候,他感到了巨大的胜利。因此,他对侄儿罗波尔说:"孩子,我们的战斗胜利了,我非常感激伟大的上帝。"其实,诺福克公爵早就警告过他:"亲爱的莫尔,与帝王抗争是没有好下场的,帝王一怒之下城池也会变成废墟。""真会如此吗,勋爵先生?不过,我一点儿也不在意,人总是要死的,区别只在于为什么而死和什么时候死。"

托马斯·莫尔不像其他许多伟人那么幸运,就算在最艰难最危险的时刻,也没有得到妻子的支持和安慰。他被羁押在伦敦塔期间,他的妻子没有给他一点儿安慰,她根本不理解他为什么还要被监禁在那儿。那时,只要莫尔对国王点点头,就可以重获自由,就能再次漫步于他的果园、书室和画廊,就能重新拥有他在切尔西的精致漂亮的住宅,就能享受和妻子、孩子在一起的生活。一天,他妻子对他说:"我真的想不通,你只要按照主教们的意思做,就可以重获自由。在这之前,你一直被认为是最精明睿智的人,而现在却傻到关押在监狱这个又臭又脏的地方,还情愿与老鼠为伴。"但是,莫尔不为所动,反而温和地说:"精致漂亮的住房怎能与我热爱的真理相提并论?"他妻子蔑视道:"你真是愚不可及,迂腐透顶!"

所幸的是,莫尔的女儿玛格丽特·罗波尔给了父亲无限的安慰和支持。当莫尔的笔和墨被没收之后,他只好用炭给女儿写信,其中一封信中写道:"仅用一块炭就想把你的关爱带给我的安慰写下来，怎么够呀！"莫尔成了第一个坚持真理的殉道者，诚实正直让他付出了生命的代价。他的头被砍下来之后，悬挂在伦敦桥上。玛格丽特·罗波尔勇敢地请求人们把父亲的头还给她，并要求死后与之合葬。很久以后，当人们打开玛格丽特·罗波尔的坟墓时，发现她仍然抱着父亲的头颅。

马丁·路德刚开始伟大的斗争时，几乎是孤身奋战，形势对他极为不利。他并没有因为他的信仰而丧命，但是从他反对教皇的那一刻起，他随时有失去生命的危险。他自己也说："一方是崇高、权贵、博学、才华和尊严；另一方却是可怜无知、仅有少数朋友的威克利夫、洛伦佐、瓦纳·奥古斯丁和路德。"当皇帝召他到沃姆斯去为他的学说作辩答时，人们都劝他不要以身犯险，可是他却说："我绝不做逃兵，那儿的魔鬼会比这里公开张牙舞爪的魔鬼要可怕得多，虽然我知道这一切，但我不得不去。即使是龙潭虎穴，我也必须去，我要去浇灭乔治公爵仇恨的火焰。"

路德随即踏上了他危险的旅程。经过沃姆斯古老的钟楼时，他在马车上高唱："坚固的城堡是我们的上帝"，这是路德在前两天即兴创作的"马赛进行曲"。在路德会见迪埃特之前，一名叫乔治·弗伦德伯格的老军人拍着他的肩膀说："虔诚、仁慈的修士啊，小心你的言行，你将投入比我们更艰苦卓绝的斗争中。"但是路德回答老兵的仅仅是："我会不顾一切地捍卫《圣经》和我的良心。"

路德在迪埃特面前所表现出来的非凡勇气已载入史册，它是人类历史篇章上最辉煌的一页。当皇帝最后一次劝他放弃信仰时，他坚定地说："陛下，除非《圣经》或其他明显的证据证明

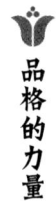

我错了，我才会放弃我的信仰，否则，我决不放弃，因为我必须忠于我的良心。我要告诉你的是，上帝也赞成我的做法。"

后来，在奥格斯堡他又遭到敌人的百般刁难，可他说："为了我的信仰，如果我有5万颗脑袋，我也宁愿全部失去。"路德的勇气随着困难的增加而增加，他像所有英勇的人一样不屈。霍顿曾说："在德国，没有人比路德更视死如归。"我们的确应该把现代的思想自由以及对伟大的人权的维护，归功于每个像路德这样的人，其中路德的贡献应该是最大的。

苟且偷生的决不会是高尚勇敢的人。保皇主义者厄尔斯·特拉福德走向塔山的断头台时，其坚定的步伐和无畏的精神不像一个被判死刑的犯人，却像一个率领军队去夺取胜利的将军。

英国的约翰·埃利奥特先生在同一地点被处以极刑。他说："我宁可死1万次也不愿背弃我纯洁的良心，它在我心中胜过世上的一切。"最让埃利奥特放心不下的是他的妻子，但他不得不弃她而去。他在赴刑场的路上看到妻子正透过塔楼的窗户注视他，他立即站起来，挥舞着礼帽喊道："亲爱的，我要去天堂了，却把你留在了地狱。"这时，人群中有人喊道："这是你一生中坐过的最光荣的座位！"他十分高兴地答道："是的，你说得太对了。"他在《狱中随想》中写道："人都有一死。死并不可怕，死得其所远胜于忍辱偷生。生比死更有价值，明智的人只有发现这一点，才会顽强地生存下去。人生价值的高低并不取决于寿命的长短。"

成功是对那些长期坚持不懈、辛勤奋斗的人的赏赐，可是他们一直在看不到希望的情况下顽强奋斗着。他们必定是依靠了勇气的力量才得以生存——在黑暗中播种，在希望中生根发芽，也许有一天就根深叶茂、硕果累累了。崇高的事业总是要经历许多次失败后才最后取得成功的。很多斗士在黎明到来之前功败垂成。因此，在遇到艰难险阻时积极斗争所显示出来的勇气，才是衡量英雄气概的真正标准。

那些在敌人得意洋洋的叫嚣声中慨然赴死的殉道者，那些屡败屡战的爱国者，以及那些伟大的探险者，比如哥伦布，他始终保持了一颗顽强的心，航海岁月再坚苦依然坚持自己的信仰，他们才是崇高道德的楷模。比起那些完美的显著的胜利，他们的成就更激动人心。在他们面前，那些在肉搏战中表现出来的勇武行为并不足道。

因犹豫不决和懦弱导致的不幸和罪恶，其根源在于缺乏勇气。但是，无论如何，我们更需要生活中的勇气，比如诚实、正直，它们和历史事件中所表现出来的英雄式的勇气相比，显得更为真实。懦弱者知道什么是对，也知道什么是自己应尽的职责，可就是没有勇气付诸实践。他们软弱而缺乏磨炼，受制于诱惑，缺乏说"不"的勇气。如果他们一旦交友不慎，就更容易误入歧途。

当你想放弃努力的时候，决心会拉你一把，并赐予你力量。如果这时候你稍有屈服，就很有可能踏出自我毁灭的第一步。毫无疑问，坚毅的行动塑造了果敢的性格。没有果敢的性格，就不可能有顽强的意志，也就难以抵制邪恶力量的入侵，为善就更难以做到了。

无论什么时候，都不要依赖他人。尤其在危急关头，依靠自己的力量勇敢地做出决定才是最重要的，千万不要效仿马其顿国王，他在战斗中以祭祀赫拉克勒斯为名，将军队撤入附近的一个

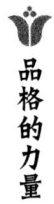

小镇，却让对手伊米纽斯趁机赢得了胜利。

这个道理也适用于日常生活。很多人并没有把勇气落实到行动上，他们只是嘴上说说而已。他们准备了很多事情，却从未真正着手，设计了很多方案，却从未展开行动；这一切都是缺乏勇敢决断的后果。说比做容易，只有将说的落到实处，才有可能获得预期的成果。纸上谈兵毫无用处。

就像一个人把吃、喝、拉、撒、睡从一天推迟到另一天，一心想过新生活，又不付诸行动，结果毫无着落。迪洛桑说过，即使情况再明朗，决断再紧迫，对于那些意志薄弱、优柔寡断的人来说，要做出一个明确的决断，依然困难重重。

要抵制这种不良习气的影响，道德勇气必不可少。平凡、庸俗的格兰蒂夫人对社会产生了巨大影响。很多人，尤其是女人，成为他们所属阶级的道德律法的奴隶。在他们中间一种无意识的彼此相轻的心态悄然滋长。他们自己组织成小圈子（这个圈子可能是一个部门，也可能是一个等级或阶层），保持遵从着自己的风俗习惯，从不触犯禁忌，甘心将自己封闭在传统习俗与思想的牢笼里。能够跳出这个怪圈有勇气进行独立思考的人很少，有的人为了按照本阶级的礼仪、习惯生活，甚至在负债、破产、痛苦中吃喝挥霍，仍然不思改变。这种畸形化了的时髦，正是格兰蒂夫人无所不在的影响的体现。

不仅在私人生活中，即使在公众场合，人们也表现出来了相当严重的道德懦弱。过去，人们只是对地位高的富人阿谀奉承；现在，即使对穷人也一样不敢讲真话。势利已经从富人之间蔓延到了穷人堆里。如今的"大众"手里掌握着政治权力，讨好"大众"已演变成一种社会趋势。

公开阐明事实真相的做法并不可行,有些美德连大众都意识到自己并不具备,统治者只好提一些模棱两可的不易实现的观点以迎合人民群众的口味,从而得到人民群众的拥护。

现在,迎合那些文化水平低下的人显得尤其重要。为了得到选票,连地位显赫、身份尊贵、教养极佳的人也不得不去奉承那些愚蠢无知的人。他们放弃了准则,抛弃了正义,与那些勇敢高尚的人相比,他们更容易屈从于偏见。逆流而上靠的是勇气和力量,随波逐流的都是懦弱的人。

人们习惯于阳奉阴违。近年来,一种迎合大众的奴性趋势迅速蔓延,公务员形象被一损再损,良心的标准也越来越具有伸缩性。甚至伪善也是司空见惯的了,虚伪的党派利益争斗越发普遍。

社会各个阶层也开始充斥着道德上的懦弱。上层的伪善和趋炎附势,必定导致下层群众的伪善和趋炎附势。他们会向高处看齐,模仿上层人物的模棱两可。因此,我们无法要求群众鼓起勇气阐释自己的独特观点。只能给他们一个密封的小盒子,让他们享受所谓的"自由"。

追名逐利的人不管在什么情况下,都能做到八面玲珑,他们的脊柱是由软骨构成的,为了能得到大众拥护,他们已经不知廉耻为何物。当今社会,一个人的名望往往不是一种成就的证明,而是堕落的依据。俄罗斯的一则谚语说得好:"即使是脊梁笔直的人,也休想从荣誉中站起来。"

杰勒米·边沁论及一位著名的公众人物时说:"他的政治纲领不是对多数人的爱,更多的是对少数人的恨。他的政治纲领渗透着自私自利和反社会的情感。"没错,这种书写低级趣味的东

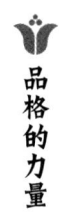

西，用阿谀奉承掩盖真相，甚至散布阶级仇恨来获得的名望，为正直人所不齿。可是，在我们这个社会中，又有几个人不是这样的呢？

即使谎言成为一种时尚潮流，那些品格高尚的人依然敢于讲述真理。哈金森的妻子说他从不刻意赢取大众的喝彩，也不会因为大众的喝彩而感到自豪，相反，他更注重做实事。他绝不会为了荣誉有违他良心，却会去做那些看上去非常卑微的好事。因为他是用事物本身的是非曲直来判断是否应该去做，而不是用世俗的价值观来衡量事物本身。

第二节　自信是迈向成功的第一步

在1867年伍斯特举行的一次公共集会上，约翰·帕金顿说了一句非常精辟的话——"名望，通常情况下并不值得去追求。"只要努力做好自己的本职工作，认真履行自己的义务，得到良心上的安慰，名望也就自然而然来到了。

名望的高低并不取决于受欢迎的程度。在这方面，理查德·洛弗尔·埃奇沃斯看得比较透彻，他在晚年很受邻里欢迎。有一天，他对女儿说："玛丽娅，我变得越来越受欢迎了，这真可怕！我很快就会变得一文不值。受欢迎的人总是一文不值的。"也许，他此时想到福音书里的诅咒："赞扬包围你的时候，也是灾难降临的时候。"

顽强的信念是一个人自立自强的关键因素之一。一个人必须要有勇气站出来，而不是总躲在别人后面。他必须依靠自己的力量,独立自主地思考、行动,并阐述自己的思想观点。不能表达自我的人是白痴,不会表达自我的人是懒人。

然而,许多很有成就的人之所以使他们的亲友失望,就是因缺少这种顽强的信念。他们的勇气日渐消失,他们的果敢和毅力也逐渐消退。他们处处算计着风险,时时掂量着机会,一旦机会错过,后悔也已经晚了。

出于对真理的热爱,人们才勇敢地阐述真理。约翰·比姆说:"我宁可为真理而死,也不愿真理因我而亡。"如果在该说真话的时候不说,在该提反对意见的时候沉默不语,那么这不仅仅是一种怯懦,更是一种罪恶。当一个人的信念诚实而坚定,观点公正而成熟,他就完全可以将其付诸实践。在某些情况下,罪恶是欺软怕硬的,你越妥协,它就越凶恶,只有顽强的抗争才能将其消灭。

诚实正直的人蔑视欺诈,正义凛然的人鄙视压迫,善良纯洁的人反对邪恶。他们不仅与这些社会陋习作斗争,并尽可能彻底地消灭它们。这样的人是道德的楷模,他们的仁爱和勇气使他们成为社会的中流砥柱。可以说,这个世界之所以能摆脱自私和罪恶的统治,就是因为这些伟大的改革家和殉道者坚持不懈地斗争,他们是谬误和罪恶的克星。在我们周围,克拉克森、格兰·维尔夏普、马修神父和理查德·科布登等人,用生命阐释了高尚品格对社会的巨大影响。

世界的引导者和主宰者是坚强、勇敢、自信的人,而软弱、无能、胆怯的人从来不会留下什么痕迹,他们只是白走这一遭。正直果敢、积极向上的人是一道璀璨的光芒,照亮人们心灵的同时,也为人们所铭记。他们的精神、思想和勇气激励着一代又一代人。

在每个时代，精力都产生了奇迹。作为意志的重要标志，精力还是人格魅力的源泉，是一切伟大行动的动力。意志坚定者会为了正义的事业勇往直前，比如戴维，就算有个恶魔拦在他面前，他还是会坚定地走向格里斯。

人们常常在自信中战胜困难，而这种自信往往能传染给周围的人，使他们勇于迎接困难。恺撒在远航时突遇风暴，狂怒的海风和滚滚的波浪使船员们惊慌失措。"你们如此害怕做什么？有我恺撒在！"恺撒的自信深深感染了船上的人，连最怯懦的人也安静了下来，与恺撒并肩作战。

意志坚定的人绝不屈服于艰难险阻，更不会半途而废。当第欧根尼决定做一名安提修斯的信徒时，他放弃了一切。即使安提修斯举着鞭子威胁他，他也毫不动摇，他说："打吧！你的鞭子有多硬，我的决心就有多坚定。"安提修斯深深地为他的毅力所感动，便收他为门徒。

坚强的品格需要精力和才智的有机结合，只有才智没有精力，就像空有发动机却没有汽油一样无法运转。人一旦有了精力，就有了做事的能力、活力和动力。一个人如果具备了精力、智慧和沉着冷静的处事原则，就能拥有无穷的力量，能做好任何一件事情。

所以，能力平平的人往往因其过人的精力，取得了非凡的成绩。应该说，对世界最有影响力的不是那些最有天赋的人，而是那些信念坚定、勇气非凡、精力超群的人，像穆罕默德、诺克斯、加尔文、劳拉、路德、韦斯利等。

精力和毅力，再配以勇气，就能无往不胜。勇气给人前进的动力，它绝不允许人畏缩后退。廷德尔说法拉第"在激动的时候作决定，在冷静的时候坚定信念"。只要拥有了不屈不挠的毅力，即使最平凡的人，也能取得非凡的成就。一味依赖他人毫无用处。当迈克尔·安吉洛的一个主要庇护者逝世的时候，他说："我终于发现，这个世界大部分的承诺是虚幻的，只有依靠自我，才是最好最安全的途径。"

第三节　勇气的宽厚柔和之美

　　勇气并不排斥温柔。勇敢的男子身上的温柔也并不比女子少。查尔斯·纳皮尔从不随便拿他人开玩笑，他始终尊重他人。他的兄弟，历史学家威廉先生也同样如此。詹姆斯·奥特勒姆被查尔斯·纳皮尔称为"印度的贝亚德"，即集勇敢柔和于一身的人。他尊老爱幼、敬重妇女、善待弱者、鄙视堕落、反抗邪恶。正如富尔克格·富维尔评价西尼那样："他的每一次行动都那样伟大而勇敢，他崇高的品格无与伦比，他是开拓者、改革者、征服者，而且他的最高理想是为国家为人民鞠躬尽瘁。"

　　爱德华王子取得了波伊克尔战争的胜利之后，居然设宴款待他的俘虏——法国国王和王子，还坚持亲自在一旁服侍。这一谦恭举动完全赢得了法国国王和王子的心，就像在战场上用勇敢俘获他们的人一样。事实上，年轻的爱德华王子已经是个真正的勇士了，他极有勇气、风度翩翩，是那个时代骑士的典范。他高尚的品质还体现在他的座右铭上："崇高的精神和虔诚的服务。"

　　勇敢的品格使人宽厚慷慨。纳斯比一役中，费尔·法克斯将

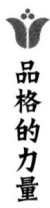

缴获的敌方军旗交给一名普通士兵保管，那名士兵居然吹嘘是他得到的，费尔·法克斯听后付之一笑："让他说吧，反正我的荣誉已经够多的了。"

在班洛伐本战役中，道格拉斯看到战友伦道夫寡不敌众，立即予以援助。一旦击退了敌军，他就对部下说："好了！我们帮不上什么忙了，来得太迟了。我们不要分享他们辛辛苦苦得来的胜利果实吧。"

做事的方式决定了性质。满腹牢骚地做一件事，就会被人们看做小气；慷慨无私地做一件事，就会被人认为友善。本·约翰逊困厄不堪的时候，国王派人给他送去了微不足道的一笔赏金。率直的诗人毫不犹豫地说："他一定是看我住在穷巷里才送我东西，其实，真正住在穷巷里的是他的灵魂。"

依照我们的观点，勇气在品格的形成过程中扮演着极为重要的角色，它不仅是生活之源，也是幸福之源。怯懦是人生的不幸之一，所以明智的人总是要把他们的子女培养成勇敢的人。可见，大无畏的习惯和勤奋、注意力、快乐、钻研精神的习惯一样，是可以培养的。

其实，生活中很多恐惧都是自己幻想出来的。很多困难本可以用勇气去摆平，可是幻想出来的恐惧使我们退却了。所以，我们需要对之加以控制，不要让想象创造出来的负担压得无法喘息。

通常，勇气教育并没有被纳入女子教育之中。可是，我们要明白，勇气教育比音乐、法语，或是象征着君主权力的小金球更重要。我们不能赞同理查·德斯尔的观点，他说女子应该温柔可爱且胆小自卑。我们认为，女子更应该接受勇气教育，从而获得自强和快乐。

胆怯和恐惧不是什么好东西。无论是意志上的懦弱，还是身体上的软弱，最终都会成为事业的绊脚石。除了极其温和亲切之外，任何形式的恐惧都是卑鄙可憎的，唯有勇气是高贵而尊严的。艺术家阿里·谢弗曾写信给女儿说："亲爱的女儿，一定要勇敢些、热情些、温和些，这些是女孩真正高贵的品质。每个人都会遇到麻烦，正确看待命运的方法是无论幸福或是痛苦，都应该举止端庄，体现尊严。就算命运对我们和我们所爱的人不利，我们也不能失去勇气。生命的真谛是顽强的奋斗。"

在疾病缠身和痛苦悲伤的时候，女子表现得最勇敢，她们也极少抱怨，像男子一样与不幸作斗争。但现实生活中，她们往往会受到细微恐惧和琐屑烦恼的折磨，久而久之，会使她们产生不健康的错误想法，甚至毁灭她们的生命。

想要矫正这种不健康的情感倾向，最好的方法是加强她们的道德修养和心理训练。女子品格的发展和男子品格的发展一样，都少不了精神的力量。它能使女子在紧急情况下镇定沉着地开展行动，并取得有效成果。很多时候，女子用品格捍卫美德和信仰。

本·约翰逊的诗显示了一个女子高贵的形象："我心中的她彬彬有礼、温和谦逊；我心中的她纺纱织布、量体裁衣、无所不会；我心中的她机智勇敢、魅力无穷；我心中的她宽厚友善、古道热肠；更重要的是，她拥有自由自在的生活，主宰着自己的命运。"

有个叫格特鲁德·冯德沃特的女子，她丈夫因被错判为暗杀艾伯特皇帝的帮凶而被处以车裂。临刑前，她两天两夜不曾离去，一直陪伴着丈夫，勇敢地对抗着皇帝的怒火和凛冽的寒风，因为她深信丈夫是清白。大多数情况下，女子的勇气都藏而不露，不过在一些特殊情况下，她们也一样能显现出英雄的坚忍。

但女子的勇气并不是都是这种因爱而生的勇气，当责任感和使命感逼近时，她们也极富英雄气概。当追杀詹姆士二世的反叛者闯入他在珀斯的住所时，这位国王只得让女眷把守大门，以便他能有充足的时间逃跑。那些反叛者以前就破坏了门锁，门闩也已经被移走。此时，勇敢的凯瑟琳·道格拉斯毅然用自己的胳膊当门闩，以阻止反叛者破门而入，她一直坚持到手臂被砍断。其他的女眷也英勇顽抗。

夏洛特·德特里·莫莉捍卫莱瑟家族的斗争的事例，也体现了高贵女子的英勇气概。当议会军队劝她投降时，她说她答应过丈夫要保卫家庭，除非她丈夫下令，否则绝不屈服，而且坚信上帝的保佑和解救。在忍耐中她显示出了一份刚毅。在布置防御工事时，她没有让一件事有所疏漏。这位威廉·拿骚和科里奇海军元帅的光荣子嗣，就这样坚守了家园整整一年，其间还有三个月的猛烈轰炸，直到国王的军队击退了敌军，这场防御战才告结束。

富兰克林夫人的勇气也被人们铭记在心。即使其他人都已放弃寻找富兰克林，她仍不放弃努力，于是最后，皇家地理学会决定授予她"发现者奖章"。其时，她的好友罗德里克·默奇森说："富兰克林夫人优秀的品质一直感动着我，她屡败屡战，毫不气馁。经过12个漫长春秋的探险，终于发现两大事实，即她的丈夫穿越过了无人横越过的海洋，并在一条西北通道中丧生。所以这份荣誉完全是她应得的。"

但是，那种恪尽职守的勇气更多地表现在女子所做的一些鲜为人知的仁慈之事上。她们远离公众的目光，只是悄悄地完成这些事，从来不期待获得什么荣耀，而一旦荣誉降临，她们反倒觉得是一种负累。有谁不知道探监者福瑞夫人和改革家卡彭特夫人，有谁不知道倡议海外移民的奇泽姆夫人和赖伊夫人，有谁不认识倡导医护事业的南丁格尔小姐和加赖特小姐？

这些从事慈善事业的女子走出家庭生活，为公共事业服务，这体现的正是一种道德勇气。谁说女子就应该文静优雅，生活于家庭的小圈子中？可是当她们想去寻找更广阔的天空时，谁也无法阻拦。凭着一颗热情之心人们可以帮助左邻右舍，而她们将慈善事业视为自己的义务，完全是出于良心，并不是有意的"选择"，不求名，不为利，只求问心无愧。

在众多的监狱探访者中，比起福瑞夫人，萨拉·马丁并不那么出名，但实际上她的工作也做得极为出色，充分显示了女子的忠诚和勇气。

萨拉出身贫寒，很早就失去双亲，只和祖母相依为命。在雅茅斯附近的卡斯特靠替别人做针线活儿维持生计，但每天只能赚到可怜的1先令。1819年，一位妇女因虐待孩子而被判监禁，关押在雅茅斯监狱中，这一事件顿时成为小镇上人们茶前饭后的话题。萨拉，这位年轻的缝纫女工被这一审判报道所深深触动，产生了想去监狱探访并引导这位母亲的念头。以前，她每次经过监狱的围墙时，总有进去探视犯人的冲动，她想给他们念《圣经》，以便帮助他们重返社会。

终于有一天，她无法抑制内心的冲动，决定进去见一见那位因犯母亲，于是她跨进监狱的门廊，敲了敲门环，请求看守让她进去，可是被拒绝了。她没有灰心，再一次提出她的请求，这一次她得到了许可。不一会儿，那位母亲就出现在她面前。当这位囚犯母亲得知萨拉的来意时，被深深感动了，泪流满面地向萨拉道谢。影响了萨拉的一生正是这些感动的泪水和感激的话语。从此，这位贫穷的缝纫女工一边做针线活儿维持生活，一边利用空闲时间去监狱探视囚犯，帮助他们改邪归正，努力感化他们。那时并没有什么女教师和牧师，但萨拉同时扮演着这两个角色，教他们读书写字，给他们朗读《圣经》。除了闲暇时间和星期天，萨拉还特地在一星期中抽出一天来做这些事，她说："这是上帝的祝福。"她教女犯编织、缝纫及裁剪技术，把她们生产的产品拿出去卖，赚回来的钱用于生产原料的购买和继续从事她的教育工作；她也教那些男囚犯编织草帽和各种男式便帽，制作灰棉衬衫，缝缀各色布料，这样，他们就不会无所事事，而且懂得重新做人的乐趣。萨拉从这些产品收入中取出一部分设立了一个基金，用于犯人出狱后寻找工作，使他们能靠自己的诚实劳动立足于社会。同时，萨拉也感到了从未有过的欢欣和满足。

由于萨拉把太多的心血都花在她的狱中探访上，以至于服装制作业务明显下降，这使她面临了一个难题，是暂停狱中的工作，恢复她的服装业呢，还是继续专注狱中工作？萨拉毅然选择了狱中工作，她说："我早已权衡了这其中的利害得失。在给那些犯人传授真知的时候，我感到我是一个很富有的人。这是上帝的旨意，我不得不做。而我个人的得失不足一提。"萨拉仍然每天花6—7个小时帮助那些囚犯改邪归正，使他们在出狱后能够正常地生活与工作，并成为有用的人。有时新囚犯桀骜不驯，但萨拉都以耐心和宽容赢得了她们的尊重和合作。无论是屡教不改的惯犯，衣冠楚楚的伦敦扒手，失足成恨的少年，还是吊儿郎当的水手，行为放荡的女子，走私者和偷猎者，都受到她爱的感化。她赢了他们的信任，倾听他们的哭泣和忏悔，给予他们坚定的信心，引导他们走入正途。

在从事这项高尚工作的20多年里，这位诚挚善良、古道热肠的妇女，几乎没有得到过任何鼓励和支持。她只是靠她祖母留下的每年10—12英镑和微薄的制衣收入维持生计。在萨拉从事狱中工作的最后两年，雅茅斯镇长得知她的工作为政府节省了配备监狱牧师和教师的法定开支后，决定支付她12英镑的年薪作为报酬。这一举动却深深伤害了萨拉的感情，她并不想成为政府的带薪管理人员。

然而，当局的监狱委员会很粗鲁地告诫她："你要是不想被赶出去，就必须接受这个条件。"这样，萨拉成了年薪12英镑报酬的监狱管理人员。但当时萨拉已经年老体衰，加上监狱的不良环境，两年后她就倒下了。她临终之际，重拾写作之笔，创作诗歌。从文学作品角度看，她的诗并不出色，但字里行间都倾注了她满腔的热情。其实，她的一生就是一首极其美妙高尚的诗——充满了真诚、勇气、坚毅、慈爱和智慧。

她的人生诗篇正是她的一句话的说明："愿所有人都能幸福。"

第六章

美德源于自律

在品格的形成过程中,道德的培养也占据着十分重要的位置。正常的生活秩序,需要道德的约束。只有人们加强自尊意识和责任意识的培养,和平安定的秩序才可能会得到有力的保障。善于克制自己的激情和欲望的人,通常都是遵纪守法的。他所受的教育越好,其人格越高尚。如果不能有效控制欲望,就会成为感情的奴隶,失去理智。而无法遵守道德律令,很可能会做出有违良心的事情。

第一节　自制自律是品格的精髓

因为我们能够很好地控制自己，抵制本能的盲目和冲动，所以人类成为高等动物，拥有真正的自由。正是这种能力，区分了物质生活和精神生活，并构成了高尚品质的重要基础。

在《圣经》中，有许多赞美的言辞，然而只有那些能够"支配自己的灵魂"的人才配得到。意志坚强的人，通过严格要求自己，能自觉有效地控制其言行举止，遏制邪恶的念头。人们决不允许将这些给予行为放荡、随便的人。人们需时刻注意保持自己心灵的纯洁，经常检查和反省自己的行为，学会控制自己，才能成为一个正直、善良、高雅的人。

一个人习惯的好坏，在很大程度上决定了他品格的高尚与否。由于意志力的差异，有的人成为暴君，有的人则成为严明的君主；有的人则变成受压迫的奴隶，有的人成为快乐的臣民。因此，我们说，平时的习惯决定了我们的命运，或走向成功，或走向不归路。

然而，良好的品格并不是轻易就能够得到的，它需要经过认真严格的训练。经过系统训练以后的你，肯定能让所有的人都大吃一惊，甚至你自己。比如说，游手好闲的人，他们无赖、邋遢，而且不事生产，没有人会对他们抱有什么希望。然而，一旦对他们进行正规、严格的训练，他们同样会变得自信坚决、勇敢正直、富于自我牺牲。在无情的战场上，只有平时训练有素的人，才能处变不惊。像"沙拉·桑兹"号起火、"伯克·哈德"号在航海中遇到严重的损坏时，真正的勇士和英雄是能够临危不惧的人。

在品格的形成过程中，道德的培养也占据着十分重要的位置。正常的生活秩序，需要道德的约束。只有人们加强自尊意识和责任意识的培养，和平安定的秩序才可能会得到有力的保障。善于克制自己的激情和欲望的人，通常都是遵纪守法的。他所受的教育越好，其人格越高尚。如果不能有效控制欲望，就会成为感情的奴隶，失去理智。而无法遵守道德律令，很可能会做出有违良心的事情。

赫伯特·斯宾塞曾经说过："那些富有远大理想的人，孜孜不倦地追求着的伟大目标，就是严格的自我控制能力。他们在做任何事情之前都会深思熟虑一番，三思而后行，不会冲动、鲁莽行事。这可以说是道德教育的终极目标。"

家庭是进行道德教育的最好场所，其次是学校，最后是社会。由于每个人的道德基础和年龄不同，每个阶段受到的教育肯定也不一样。如果一个人没有受过任何道德训练，那么，相对其他人而言，他就难以获得幸福，甚至有可能成为害群之马。他自己更是最无辜的受害者。

只有掌握了足够的教育知识，开展的教育活动才可能是充实、完备的。这种道德训练是无处不在、潜移默化的，不管你有没有感觉到。道德就同法律一样，其神圣使命在于维护社会安定的秩序。高尚品格的基础是道德教育奠定的，但只有当它上升到习惯的时候，道德训练才会在生活中定型。

在西摩·本尼克夫人的回忆录中，她讲述了这样一件事情：

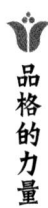

有一位女士和她的丈夫一起参观了英国和欧洲大陆的许多精神病医院后，发现绝大多数患者都是"长不大"的孩子，年幼的时候，他们很少受到否定和约束，任何意愿都得到了满足。

一般而言，在很大程度上人的性格和品质都会受到早期教育和健康状况的影响，而且经常在一起的伙伴也会产生一定的影响，但起最主要作用的还是自己的内在因素。一位优秀的人民教师在对癖好和品格做出评价时说：它们对幸福来说是不可或缺的，但也像拉丁语和希腊语一样，是可以学会的。一个人的自我控制和调节能力，决定了他的道德品质。

因为生活的不幸，约翰逊博士总透出某种忧郁的气质。为此他感到很苦恼，但他还是坚持说："一个人的品质的好坏，在很大程度上是取决于他的意志力的。"我们既可以养成容忍、耐心的习惯，也可以养成爱发牢骚和唠叨的习惯。我们不能否认这些习惯的影响力，但有的人夸夸其谈，有的人视而不见。所以很多时候，我们会被束缚在琐碎的事情上而不能自拔。其实，要想健康快乐地成长，就必须敞开胸怀，乐观地对待生活中的每一个人、每一件事情。这是很难得的好习惯。约翰逊博士认为，对任何事情都充满幻想和希望，这比1000镑的财富更加珍贵，更值得珍惜。

小心谨慎的人总能够严格地控制自己，对邪恶保持警惕。在罪恶的年代里，他也可以忍受一切，照样积德行善，并勇敢地面对死亡。杰勒米·边沁说过："只要人的思想能受控于意志，就一定能走向灿烂和辉煌。在那些不必要的等待上，人们往往将很多宝贵的时间浪费了，如开会的时候，还有在外散步、夜晚睡觉之前或在家休息的时候，他们的思维一直很活跃，没有片刻的休息。而在他们头脑中形成的观念，可能是有用的，但也可能是没用的，甚至还会危及他人的幸福。"

作为一名商人，最基本的品质就是服从严格的管理制度。做生意其实跟生活一样，要有良好的道德做后盾，才能增加成功的几率；二者的成功无不依赖于情绪的控制和严格的自律。这样，你既保护了自己的自尊，还能赢得别人的尊重。

政治也同经商一样。要想在这一领域取得突出的成就，就必须培养良好的道德品质，而不能只依靠天赋。不能很好控制自我的人，都是缺乏耐心的，他们连自己都不能掌握，靠什么来征服别人呢？皮特先生曾经出席过一个主题为"首相必备的素质是什么"的会议。会议期间，出席者们意见纷纭。有人提出"雄辩"是首相最重要的素质，有的说是"学识"，还有的则认为应该是"勤快"。皮特先生说："就个人感情来说，我认为作为一名首相，最重要的是要学会忍耐。"因为忍耐就意味着良好的自控能力，而皮特先生本身就是一个典范。据朋友说，皮特先生从来不会轻易发脾气。有的人将耐心理解为"缓慢"的道德，但皮特先生却把这同敏捷的思维、辉煌的魄力和快速的行动结合在一起。

真正的英雄想要具备完美的品质，必须逐渐掌握隐忍和自我控制。因为汉普顿具有这种高贵的品质，所以他的政敌都对他心悦诚服。克拉伦登是这样形容他的：温文尔雅、生性开朗乐观、彬彬有礼。他说的话都是有针对性、掷地有声的，因为他本人从不夸夸其谈。他的心里充满了慈爱，知道怎样控制自己的情绪，总是给人以春天般的温暖。正是凭借着他温和的话语和强大的洞察力，才使那场激烈、愤怒的辩论得以平息。如果没有他的耐心，或许这会演变成一场暴力运动。

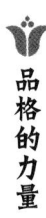

在厄尔·斯坦霍博的《杂记》中记载:"克里斯·马斯担任英格兰银行的要职已有好多年。早些年,他曾在政府部门谋事,并做过财政部和皮特先生的私人秘书、临时秘书。别人的指责和误解在克里斯·马斯担任这些要职期间从来没有间断过,但他一直都是忍着,从未发脾气。平时他虽然很忙,但仍坚持为一家大法院准备大量的材料。我实在忍不住要问老先生到底有何秘诀,为什么能如此沉着。他回答说,是皮特先生教他们无论在什么情况下,都尽可能不发脾气,尤其是在上班时间。英格兰银行的所有职员,每天从早上9点到下午3点,都受到这位伟大人物的熏陶,不知不觉就养成了这个良好的习惯。"

强硬的性情并不意味着坏的结果,但性情越强硬就越需要自律和自我控制,这是显然的。约翰逊博士就说过,人们的经验都是建立在不断的社会实践的基础上,并逐步趋向成熟和先进,但这些也少不了性格的引导。与其说是错误导致人们的堕落,还不如说是对待错误的不正确态度,使他们走向毁灭。明智的人能从失败中汲取经验和教训,避免以后再发生同样的错误;而不懂得总结以往的失败和过错的人,他们不仅不可能达到成熟,相反,还可能会越来越狭隘,越来越痛苦,甚至走上犯罪的道路。

年轻人由于阅历尚浅,往往比较冲动和任性,但如果能加以正确的引导,他们对事情的那份热情和好奇,就可以很好地应用在工作上。斯蒂芬·杰拉德——法国一位很有成就的人——曾说,假如他的某位职员脾气很大,他并不介意,而且会让他一人在单独的办公室里工作。因为杰拉德认为,虽然他们很容易跟别人发生争执,但他们有着很强的能力,能出色地完成工作。

性情强硬的人往往比较冲动,如果不加以控制,就会酿成大错。如果能让它处于人们的支配下，就像将蒸汽限制在蒸汽机内一样，通过滑阀和控制杆就能很好地控制和调节，使它成为一种最有效的资源。我们知道的那些伟大的人物，大多数都具有坚强的个性，在工作中不断表现出这种韧性和决心。

厄尔·斯特拉·福德名声显赫，但他不能控制自己的情绪，经常对人发脾气。为此他也很懊恼，一直都在努力与这坏毛病作斗争。听他的一位朋友说，年长的斯克利特里·库克曾经给他提出了建议。厄尔说："感谢你给我上了这么生动的一课，我知道，自己太暴躁了，不能很好地控制情绪。但请你相信，我时刻都在反省自己的行为，这坏脾气随着年龄的增大会逐渐改变的。而且我觉得人们一定会理解我，因为他们知道我之所以会这样暴躁，都是为了多数人的利益和正义，而不是没有理由的乱发脾气。假如只是冲动的结果，那就不值得别人同情，甚至应该受到谴责和处罚。"库克总是非常诚恳地提意见，希望厄尔能早日摆脱这不良习惯的控制。

克伦威尔在年幼时很任性，脾气也很暴躁。他充满了活力，却又极其调皮，喜欢恶作剧。在人们眼里，他是个爱惹是生非的人，这样发展下去，迟早会误入歧途。但就在这时，加尔文派的教条和严格的形式约束了他，给他指明了正确的道路。所以，他才能将自己的热情投入到工作和生活中，不但挽救了自己，还给社会带来了福音。克伦威尔影响了英格兰20年的时间。

拿骚王朝的首领们也同样拥有坚忍不拔的决心，善于控制自我的行为举止。威廉表面上看起来很沉默，但在参加辩论时，情况就完全不同了。他会口若悬河，滔滔不绝。这并不是说他很虚伪，只是他认为，自己的看法和意见对国家没有什么好处时，他就应该保持缄默，绝不能冒险跟他人提起。可能就是因为他这种谨慎的性格，让敌人以为他是一个胆小怕事的人。但一旦时机成熟，他就会异常勇猛，具有不可战胜的决心。荷兰历史学家如此评价他：他就像惊涛骇浪中的巨石，在大洋中岿然不动。这也正是他那坚定不移的性格的象征。

莫利先生将威廉与华盛顿在很多方面，作了深刻的比较。他发现，两人在很大程度上有着相似之处。华盛顿就如这位荷兰的爱国者一样，因为优秀、庄严、勇敢、高尚的品格在历史上极负盛名。不了解的人，会认为他们也只是那些忍气吞声的人中的一员。事实上，华盛顿本人就是一个急性子。他之所以能显得温和、文雅、礼貌，在危险的关头保持平静和清醒，就是因为他有强大的严格自我控制和克制能力。他这种高贵的品质，在他还是个不谙世事的孩子时就开始培养了。在他的传记中，有一段评述："他生性豪爽，为人热情，对人对事都充满了激情。但在面对诱惑的时候，他就极力控制自己的情绪，避免鲁莽行事。"传记作家还说："他的激情的强烈程度超乎所有的想象，以至于在无意中就爆发出来了。但是，他总能以最强的毅力，在最短的时间内将之压下去。这种自控能力，可以说是他这一生中最难得、最宝贵的品质。在很大程度上，这应该归功于他早期受到的教育，但并不能排除他天生就具有这种魅力的可能。"

与拿破仑一样，威灵顿公爵的脾气也很暴躁。值得庆幸的是，他懂得控制自己的脾气。在遭遇危险的时候，他就像任何一位首领一样处变不惊。即使是在滑铁卢抑或其他关键的地方，他仍然是心静如水、泰然自若地发号施令，他的语调甚至比平时更温和。

诗人华兹华斯，他总是随心所欲，即便做错了什么，他也不会因此后悔或抱歉。在童年的时候他就是个喜怒无常、骄纵任性的人。但不断丰富的社会阅历，使他逐渐学会了控制自己的个性。而且，他早期的那种倔强，在遇到敌人时，就转化为强大的攻击力和反驳力，使他能够坦然面对强敌。自尊、自主和自觉慢慢就成了华兹华斯突出的品质，贯穿了他的一生。

教士亨利·马丁是另外一个例子。在他还很小的时候，他就能够很好地克制自己的激情。起先，他也同其他人一样，任性、暴躁，但他一直都努力与此作斗争，最终克服了刚愎自用、固执己见的错误行为，获得了强大的精神力量，并且还养成了他一心向往和渴望的品格——忍耐。

有的人尽管所处的地位很卑微，但仍能保持乐观、舒畅的心情，使得自己的灵魂变得伟大和崇高。廷德尔教授为我们提供了一幅关于法拉第的生动肖像画。他将法拉第性格描述为倔强、古怪，同时又不失温柔和体贴。法拉第在科学事业上总是非常认真、耐心。廷德尔教授说："在他平静和温和的表情下，蕴藏着如火山般的热情，常常会不由自主地爆发。但是，他始终注意自己的行为，将激情转化为一束火把，熊熊燃烧，给他的生命带来了巨大的能量和动力。"

法拉第把全部精力都投入到化学分析这个行业，并一直都在坚持着，很快就取得了可喜的成就。在工作时，他抵制诱惑，能够控制自己的情绪，将注意力都集中在科学研究上。廷德尔教授评价他说："他是一个装订工的学徒，一个铁匠的儿子。在15万英镑的巨额财富和科学事业中间，他毫不犹豫地选择了后者。直到他临死之前，他还是一贫如洗。但他成为全英国人的骄傲，他的名字在英国科学名人录中占据首位的时间长达40年。"

法国人中也不乏相关的事例,历史学家安格迪尔就是那些勇于反对拿破仑政权的人中的一员。安格迪尔自我控制能力极强,虽然他身无分文,每天都只能靠牛奶和面包维持生存,但他想尽办法,将开支降到最低点。他的一个朋友曾经对他说过:"为了迎合马仑戈和奥斯忒里斯这两个征服者,我每天都要一两个苏,以备不时之需。但你呢?也要学会向皇帝献殷勤啊,否则你要是病了,该怎么办?你就只能靠政府的救济金生活了。""那我宁可挨饿,甚至是死!"这位正直的历史学家认真地回答说。当然,实际情况是,他并没有贫困到那个程度。在他94岁临终的时候,他对身边的人说:"来,过来看看我吧,虽然就要离开你们了,但我依然充满了活力和精神。"

而詹姆斯·奥特洛姆先生则以一种完全不同的方式,展示了他具有的那种超出常人的自控能力。就像伟大的亚瑟王一样,因优越的生活条件带来的某种情绪,他特别能加以控制。在他们的一生中,高尚的品格表现得十分鲜明,让人钦佩不已。只要是对国家、对人民有益的建议和决策,即使自己并不是很欣赏,他仍会尽力地将之付诸实践。所以,虽然他并不赞同侵略欣得地区,但他率领的军队却自始至终都被纳皮尔称为最好的部队。当战争宣告结束,征服者们将胜利品排列在他的脚下的时候,他说:"虽然我参加了这次战争,但我从未真正地认同过这个决策,所以我也不准备分享任何战利品。"

在带兵支援正在攻打拉克瑙的哈夫洛克时,詹姆斯·奥特洛姆的优秀品格得到了充分的体现。他指挥着一支强大的军队,却把光荣的任务——结束战争,交给他的一位下属去完成。期间,他主动无偿地为哈夫洛克提供帮助。克莱德勋爵赞美他说:"就是因为他的无私和高尚,奥特洛姆受到了人们的欢迎和尊重。他能将荣誉和名声拱手让给他人,这种大度可不是一般人能够做到的。"

第二节 经常开展自我批评

如果一个人在小事或者大事上能自我控制,他才可能拥有宁静、光荣的生活。人类必备的品质是宽容和自律。脾气不可能会超越理智,情绪不可能会超越品格。我们对人不可太过尖酸刻薄,也不能一味以挖苦人为乐。一定要尽量避免不良的情绪,如果思想上松懈了,这些坏的习惯就会乘虚而入,非常顽固地盘踞在我们的心灵。

伟大的人物在讲话的时候始终小心谨慎,注意控制自己的情绪。明智的人懂得如何自律,知道该三思而后行。他们说的每一句话都是经过认真思考的,这在很大程度上避免了不必要的麻烦。反之,那些感性的人,就会想说什么就说什么,甚至因此失去很多朋友。所罗门说过:"聪明的人,用嘴代表他的心灵,愚昧的人则将心灵挂在嘴边上。"

就像人们经常说的那样:"犀利的言语有如匕首。"

有时无意中说的话可能会伤人很深。你要想获得幸福的生活,就得时刻注意自己的言行。法国也有一句谚语说:"语言伤人的程度要比刺刀强得多。"刻薄的话语,很可能会让对方无地自容,一定要用极强的意志,抑制它们的出现。布雷夫人在

品格的力量

《家》这本书中写道："上帝不允许我们说那些伤人的话，因为这会比刀剑更伤人心，它的锋利也许会让人一辈子都感到撕心裂肺的疼痛。"

生活中有很多充满智慧的人，却缺乏责任感和耐心。他们很容易冲动，不能控制自己。他们虽然拥有敏捷的思维能力，但说话却很刻薄，而且容易陶醉于鲜花和掌声，并因此而骄傲、自豪，这很可能给他们自身带来巨大的伤害。甚至很有希望踏上政界的人，他们同样不能控制好自己的嘴巴。记得边沁曾经说过："一句话的表达方式，很可能会决定一个人的命运，甚至是国家的命运。"所以说，我们要好好克制自己的思想和行为，尽量不要写尖锐的批判文章。在西班牙也有句格言："一支鹅毛笔的锋利胜过狮子的爪子。"

在提起奥利弗·克伦威尔时，卡莱尔说："非常遗憾，他总不能守口如瓶，所以他也做不了任何重大的事情。"而威廉最强大的政敌是这样评价他的：他措辞十分谨慎，从来不会说不负责任的话，也不会自高自大，就跟华盛顿一样。即使是在辩论会上，他也不会为了自己一时的快感而用恶毒的语言攻击别人。确实，人如果能始终保持冷静和沉默，就会得到大家的信赖和支持。

许多人拥有丰富的社会阅历，却经常为自己的不慎之言而懊悔不已，但对于自己的沉默，他们很少感到后悔。乔治·赫伯特说过："要么保持沉默，要么把握好分寸。"毕达哥拉斯说："如果不保持沉默，就一定要说得恰如其分。"

圣·弗朗西斯·德·沙列斯被利·亨特称为"绅士"。利·亨特说："沉默总比口无遮拦强，否则，就像一道出色的菜肴中掺杂了变质的调料,整个品味都变坏了。"在恰当的时机,一字很可能价值千金。威尔士有句格言:"富裕的人口中含有黄金般贵重的舌头。"法国人拉科德尔在说话的时候,都会注意有所保留。他说:"演讲结束了,沉默是金。"

16世纪,西班牙有位杰出的诗人德·莱昂,他的自律能力极强。宗教法庭把他监禁在恐怖的地牢里长达数年,这期间,他依然坚持把《圣经》的部分翻译为本国的文字。出来以后,他就在某大学担任教授一职。成千上万的观众来参加他的第一次演讲,因为他们都急于知道莱昂在被监禁的过程中到底发生了什么。然而,清醒理智的德·莱昂对宗教法庭也保持着冷静,没有过激的言语。他在演讲时并没有感情用事,他完全就是在继续5年前未完成的工作,以人们熟知的开场白直奔这次演讲的主题。

佩斯说过:"这个世界上好人比较多,坏人只是一时得意,这点我很清楚。只有立场坚定的人,才值得我们去倾慕、敬佩。说句心里话,我也常为自己说的一些大话而懊悔不已。所以,我非常清楚沉默的重要性。"当然,我们并不能否认,合理的愤怒和激情是需要爆发出来的,但是那必须要在适当的时间和地点。具有正义感的人,会因为自私卑鄙、荒诞残忍的行为愤怒不已。

正直理智的人深谙世事的是非,当心潮澎湃的时候,他的演讲自然会充满激情。伊丽莎白·卡卢夫人写道:"崇高的品格让我们学会怎样做人。既不能撒谎、干坏事,也不能贪图便宜、赊欠债务,更不允许伤害别人的心灵,或者是束缚自己的灵魂。"

凡是杰出的人物,无不不具备宽容、忍耐的个性。朱丽娅·韦奇伍德夫人说过:"理性的宽容,在人的精神品质中是最为宝贵的。"弗朗西斯·霍纳在给朋友的信中写道:"有些朋友虽然很冒失、鲁莽，但也不乏好的一面，例如正直、热情。有的人总跟人意见不一，他们心胸狭隘，在政治上，也很可能会对外人泄密。"

增加智慧和社会经验能够纠正狭隘偏执的性格。想使人们摆脱无谓的争吵，就要培养他们良好的修养，让他们心平气和、公正合理地对待生活中的事物，反之，就很容易陷入无聊的纠缠中。一个愚昧无知、心胸狭隘的人，是很难达到这种程度的。一个人所具有的智慧和宽容是相互促进、相辅相成的。能够站在别人的立场上，大度地对他人的过错给予谅解的，才是明智而又富于宽容的人。

要靠自己创出属于自己的天地。抑郁忧愁的人，陪伴他一生的则是烦闷和担忧；个性开朗的人，他的人生肯定会充满欢声笑语。其实，任何人的性格都是他周围现实的反映。如果我们自己习惯于唠叨，就会发现周围的人也常发牢骚。如果我们对人很刻薄，同样，周围的人也会这样待我们。有个人在出席一场晚会后，于回家的路上向一个巡警报告说，有个可疑的人一直在跟踪他。实际情况却是他自己疑心太重。这足以证明我们的生活在很大程度上是自己心态的反映。

要先尊重别人，才能够跟人和睦相处，并得到他人的尊重，这是人际交往必备的前提条件。毕竟每个人都有特殊的处世原则和方式，所以，在交往过程中，要宽大为怀。有时，人并不能意识到自己身上的某些怪癖。在南美的一个小村落中，大脖子病和甲状腺肿大普遍流行，甚至没有人认为这是不正常、不健康的情况。当有一天，一个英国人经过时，村民们都非常奇怪地说："呀，这人的脖子怎么这么细小？"语调充满了嘲弄的意味。

人们往往会因为别人对自己的喜好，或者是对某些反面特长表示反对而感到烦躁不安。很多人只从自己的立场考虑问题，所以很容易导致坏脾气。在现实生活中，这种情况也是非常普遍的，体现了人们缺乏宽厚仁慈的高贵品格。其实，就算别人对我们不怀好意，也没有必要让自己付出烦恼的代价。乔治·赫伯特就说过："祸从口出，我们常常因说话不慎而自食恶果。"

诗人伯恩斯深深懂得自控和自律的重要性，他的观点总能让人心悦诚服。然而，他在现实生活中，似乎也并不能很好地自控。他经常无意中说些尖酸苛刻的话来挖苦、讽刺别人，一位传记作家评论他说："可怜的伯恩斯，不懂克制自己的欲望，放纵让他走向堕落，也玷污了他的名誉。毫不夸张地说，他的一句玩笑，就会树立10个敌人。"他为了满足自己在酒吧的需要，甚至去谱写一些庸俗下流的曲子，而不考虑这是否会毒害青少年的思想。虽然伯恩斯也创作了不少优美精巧的诗篇，但是他那些不道德的作品所带来的弊害把这些优秀都抵消了。

天赋超群的伯纳戈贪图富贵、爱慕虚荣。他极力掩盖现实的阴暗面，一味吹捧法国的浮华，因而得到同乡的宠幸。在法国重建拿破仑王朝方面，伯纳戈的颜面和梯也尔的历史著作一样，都起到显著的作用。然而他的另外一些不道德的歌曲却败坏了整个民族的风俗和道德，产生了肮脏龌龊和邪恶的影响，称其为"法国的伯恩斯"，并不为过。

在很多方面可以体现自控和自律，但表现在真实生活中的自制最分明、最真切。容易被自私的欲望控制和支配的人，往往是那些缺乏自我控制能力的人。他们没有独立的个性，往往容易受人奴役、摆布。他们麻木地生活着，随波逐流而不计后果。他们成为欲望的俘虏,把物质享受作为最高的追求,并为此付出惨重的代价。

光明磊落的人不会有意去掩盖事实,他们会追求实实在在的生活方式,更不会打肿脸充胖子。他们会合理地量入为出,不需要靠别人的接济生活。在他们眼里,拖欠债务就如扒窃一样堕落。

依赖他人生活是不现实的,是一种谎言式的虚伪生活。可能有人会认为这有些偏激,但不可否认,这是最经得起严格考验的。乔治·哈伯的那句箴言"负债者就是撒谎者",已经为很多事实所论证。在提交给苏雷法庭的年度表中,霍斯奥格拉南监狱的牧师沙夫茨伯这样表述他的结论:"根据对众多罪犯性格的认真分析、研究,我发现了习惯性撒谎和虚伪的原因,并不是贫穷、愚蠢无知、醉酒、喧哗或财富诱惑,而是他们想不劳而获的欲望。"

人们的贪得无厌是一切不道德的行为的源泉。米拉波有句发人深省的名言:"无足轻重的品德是伟大的敌人。"这不能不叫人信服,培养真正崇高品格的基础,是严格地遵守一切道德。

诚实正直的人绝对不会一贫如洗,以至于要靠举债过日,因为他们始终生活节俭朴素。即便收入不多也不会陷入贫穷,因为他们能抑制欲望。他们懂得保持收支平衡,因而会变得富裕。当面对值钱的家具、珠宝时,苏格拉底说:"我看到的这些东西,并非是我所求的。"伯瑟斯也说过:"再贫困的时期也仍有'你的和我的'巨大的财富,自私的行为可以被原谅,只有穷苦的人才会惦记柴火油盐。要想很好地安排日常起居生活,就要学会精打细算。"

不产生奢望的人，就不会整日幻想着财产。法拉第就是这样。他放弃了继承巨额财富的权利，只为了要追求科学事业。或许他也爱钱，想过奢侈的生活，但他绝不会为此借债。当有人问负债累累的马金拿什么付酒钱时，他说不知道。在账单上"又添加了一笔"，这就是他知道的唯一的一件事。

意志薄弱的人，不能抵挡住外界的诱惑，但又无力为自己的享乐买单，只能采取"记账"的方式。在商业中，放债人为了巨额利润，鼓舞这种消费行为。有一次，被当地报纸称为在各个领域都有一定影响力的人去拜访新邻居，这位邻居很坦率地说："我们没有特别的地方，跟所有正直的人一样，也要欠债还钱。"

黑兹利特虽然铺张浪费，但为人老实、正直。他这样评价那些挥霍无度和向人借钱者：前者看到什么就买什么，钱总是不够花；后者是用完了自己的还伸手向别人借钱，一步一步走向堕落。

谢里登就是一个明显的例子。他挥金如土，四处借债，几乎借遍了信赖他的每一个人。就是因为这样，他在议员竞选中名落孙山。帕默斯顿勋爵说："他演讲台的四周，围满了追债的人们。"谢里登在这难堪的时刻，却装作什么事也没有，甚至还取笑那些无辜的债权人。帕默斯顿勋爵亲眼目睹了这一切。即使谢里登谈吐再如何得体，人们也很难不怀疑他的德行。

在那个年代里，有关钱财的道德问题很少有人论及。那些侵吞公款的人，人们不会给予强烈谴责，有些政党首脑甚至还庇护他们的追随者，任他们肆意挪用公款。只要不侵犯他们自身的利益，这一切他们都会纵容。他们还认为自己是达官显贵，"不惜

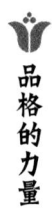

牺牲当地的利益，极其宽厚地纵容卑鄙小人为所欲为"。

康沃利斯出任爱尔兰总督时，让上校纳皮尔担任账目审记师。康沃利斯说："我的身边需要善良、诚实、正直的人，这是我从小人的身上学到的经验教训。"边沁勋爵是大家公认的绝对不会侵占集体资产的第一个典范。任职期间，他从来没拿过公家一点儿财产。他的大儿子跟他一样正大光明、公正廉洁，也是个君子。皮特即使面对数百万的钱财，也不会动心，直到他去世时还一贫如洗。他的真诚和正直，就连那些爱造谣诽谤的人也不会提出质疑。

从前，政府官员的薪俸都很高。奥德雷是16世纪非常著名的卖官者，当别人问他法官的价格时，他回答说："有太多人，渴望能立即升入天堂，更多的人对地狱也不再恐惧。谁都清楚哪一个人不会害怕魔鬼。"

瓦特·司各科堪称所有诚实、正直的人中的楷模。据他的传记作家记载，他想方设法还清自己所有的债务以及与公司有关的债务。如果没钱，他的书稿就不能印好出版，他也会因此倾家荡产。而他即便是在这样困难的时候，也不需要别人的怜悯。瓦特拒绝了朋友的帮助，他骄傲地告诉朋友："不要怜悯我，我可以通过右手的努力工作来应付这一切。"在给朋友的信中，他说："我什么都可以不要，唯独不能没有清白。"虽然因为过度的劳累，他损坏了自己的身体，但这仍不能阻止他"像只猛虎般地写作"。他实现了自己的诺言，直到他不能动笔时才停止写作。他终于还清债务，虽然牺牲了自己的健康，却保全了自尊和名誉。

霍尔上尉说："我认为，人们毫无必要因为财产受损而烦躁不已，毕竟它只是人生中的一点小小的挫折。损失财产远远没有失去朋友的痛苦严重。要想弥补，关键要看问题是如何产生的。假如是拥有高尚品格的人遭受不幸，我希望问题能在很短的时间内得到解决。"

司各特在债务缠身的窘境下写出了《科戈特编年史》、《拿破仑》、《杂文集》、《祖父的故事》以及另外一些季刊文章。他说："我欠债时，辗转反侧，卧不安枕，现在终于如释重负了。既维护了自己的尊严和信用，又让债权人松了口气，这使我感到十分骄傲和自豪。从前的生活漫长而又黑暗、坎坷，但正是它保全了我清白的声誉。其实我很可能会在半途中痛苦地死去。但我也知道，为了让自己心安理得，我必须偿清债务，得到人家的信赖，然后光荣地死去。"

在此之后，司各特创作了更多的文章和回忆录。例如：《珀恩的漂亮女仆》、《吉乐斯坦的安娜》等，直到后来他突然瘫痪了才暂停一段时间。恢复过来后，他又接着写了《恶魔和巫术之研究》以及《拉德勒百科全书》……没有人能说服他放弃创作，医生的提醒也是徒劳。司各特曾对艾伯·克伦比医生说："让我不要工作，这是不可能的，犹如将水壶放到火炉上而不想让它沸腾。如果终日无所事事，我肯定会发疯的。"

因为他努力的工作，司各特欠的债务已所剩无几，再过不久便可以全部还清，获得自由。在写《罗伯特伯爵在巴黎》时，他再次瘫痪，这次更加严重，写作已很难再继续下去。什么叫"力不从心"，他是真正彻底体会到了，但他仍以极大的毅力坚持下去。他在日记中说："我感到十分痛苦，甚至希望可以躺下来，从此长眠不醒。不过这只是肉体上的痛苦，只要有口气，我就会坚持到底。"

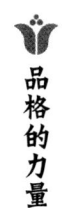

当他再次苏醒后,他那灵巧的双手变得不听使唤了,然而,他依然坚持写完了《危险的城堡》。后来,他到意大利去疗养。当他在那不勒斯旅行时,每天上午都要花上好几个小时去创作一篇新小说,也不听人劝阻。非常不幸的是,最终他也没能完成这部小说。回到阿波福德不久,司各特就撒手离去了。在返回的途中,他曾经说过:"无论去了什么名胜古迹,只有我的家才能带给我真正的快乐和幸福。"他头脑清醒时,提起自己的成就,"这个时代最多产的作家或许就是我吧,因为我为自己坚决的意志和生命的勇气而感到欣慰、愉快和自豪"。他在临终前,告诫侄儿说:"洛克哈特,我的好孩子,我只剩下一分钟和你说话了。你以后一定要做一个好人,虔诚、善良。这样,当你到达人生终点时,回顾以往,就会发现是道德和虔诚带给你惬意和舒畅。"

实际上,后来洛克哈特具有可与叔叔相媲美的道德和虔诚。他用几年时间写成了《司各特传》,获得了很大成功。然而他却用所得的钱去偿还与他自身毫无瓜葛的债务,没给自己留下一分钱。讲信用是他的信念。他写这部传记,只不过是为了纪念伟大的司各特先生罢了。

第七章

恪尽职守

圣保罗说:"每个人都要各司其职。该敬礼的时候敬礼,该劳动的时候劳动,该害怕的时候害怕,该尊敬的时候就要尊敬。不要亏欠任何人,大家应该相互爱戴。爱,是人类的天性。"

第一节　职责总与人相随

圣保罗说:"每个人都要各司其职。该敬礼的时候敬礼,该劳动的时候劳动,该害怕的时候害怕,该尊敬的时候就要尊敬。不要亏欠任何人,大家应该相互爱戴。爱,是人类的天性。"

从坠地的那刻起,人们就应意识到自己的职责,并认真履行,直至生命的终止。其中包括对上级、下级、同事,甚至是上帝的义务。只要有人类存在的地方,就有应尽的义务,职责和任何人的生活都是密切相关的。任何人,不论地位的高贵或卑贱,都一样是个普通的服务员。那我们就应该充分利用上帝赋予我们的一切能力来履行自己的义务。这样做,不仅是为了我们自己,同样也是为了他人的幸福。

杰迈逊夫人曾说过:"责任就像连接整座大厦的黏合剂。一旦没有了职责,人们追求善良、正直、智慧、勇敢、幸福的决心就难以为继。这样,人类的生存结构就会彻底崩溃,大家就只能在废墟中哀叹、埋怨了。"具有良好的职责意识是优秀品格的基础,也是人们最高的荣耀。那些拥有高尚品行的人,都有自觉、持久的责任观念。假如没有这种观念,人们很容易向困难低头,在各种诱惑中迷失方向、迷失自我。而真正具备了这种意识的人,会直面各种诱惑和挫折,哪怕从前他是懦弱胆怯的人,现在也会变得坚强、勇敢。

职责意识的源泉是正义感,同时也是基于人类的自爱。所有善良和仁慈行为的前提条件是自爱。责任是主导生命延续的法则，它不属于人类的精神范畴。在人类全部行为中，这一法则始终存在，不过，它也会受到个人的良心、道德、意志的影响。

在履行自身义务的过程中，人们通常体现出良心和品德。如果没有道德规范，哪怕是行为高尚的人，也会变得无所作为，也很可能会在生活中迷失自我。良心和道德能够指导人的行动，也就是说，必须动用自己的意志，才能让自己变得坦诚、率真。所以说，良心是人类心灵的统治者，它让人们端正行为、思想和信仰，保证了优秀品质的代代相传。

只有在意志的控制下，良心才能发挥有效的作用。人的意志总是徘徊于正义和邪恶之间。假如不将它付诸实践，意志就无法产生实际的效果。一个人如果拥有很强的责任感，而且行动果断、敏捷，那么他的良心就会支持自己的意志，他就会不计较途中的艰险和阻挠，勇敢地朝着目标前进，就算万一失败了，他也不会后悔。

海恩泽曼说："可怜的年轻人，奋斗吧！你的身边有人会左右逢源、八面玲珑地向上攀爬，也有人通过投机取巧和欺诈的手段而一夜暴富。但是，你要坚守自己的尊严和清白，你不能同流合污。你要安于内心的宁静，不要因为别人靠不正当途径获得一项又一项成绩而痛苦。为了名利，有些人把尊严都丢了。你要顽固抵抗，保持自身的洁净。只有勤苦、长久地磨炼自己，才能培养出高尚的情操。当岁月在你的身上留下痕迹，你的品德却在时光隧道中闪闪发光。你要尽力与趣味相投的朋友在一起，用自己辛勤的汗水开创新生活。即使上帝召唤，你也能坦然地面对，了无牵挂！"

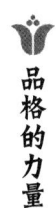

为了尽职尽责，品格崇高的人不惜牺牲一切。远古年代的英国人，在爱情诗中描写了这种伟大的奉献精神："亲爱的，我对你的爱无比赤诚，任何东西都无法让我如此深爱。"

塞多留曾经说："具有崇高品格的人，克敌取胜的秘密就在于他们的宽容和气质，即使为了自己的生命，他们也绝不会做任何卑鄙的事情。"圣保罗就是在职责和信念的激励下，才公开宣称自己随时"准备被捕，甚至在耶路撒冷光荣牺牲"。

帕斯卡纳侯爵受到意大利国王的迫害，要求他放弃挚爱的西班牙事业。他的妻子维多利亚·科伦纳写信对他说："千万不要因此就丧失信心和勇气。任何财产都比不过坚定的信念，它重于山岳，哪怕是国王的王冠和名声，不也会转瞬即逝吗？我相信你，肯定不会屈服于淫威、利诱。我最大的荣耀，是你凛然的正义和高贵的品质，这也是给子孙们的最宝贵的财富。"由此可见，侯爵夫人认为人的气节重于一切。

帕斯卡纳侯爵在妻子的鼓舞下，从容面对一切，最后在巴维亚英勇就义。而这时，他的夫人仍十分年轻，她的美貌使追求者络绎不绝，但维多利亚从来没动过心。只有丈夫高贵的气质在她的心里不断地激励着她，任何人都无法将他取代。她宁可忍受孤独和寂寞，以此来纪念自己的丈夫和他那伟大的人品。

在履行职责的过程中，我们经常会遇到软弱、犹豫的阻碍。每个人的内心都充满矛盾，既有勤劳、善良的一面，又不可避免自私放纵、贪图享乐的天性，矛盾是真实存在的。它会困扰那些自制能力差、意志薄弱的人，使他们犹豫徘徊。

一个人的意志能否转化为实际的行动，关系到他前进的方向。当意志动摇的时候，软弱、消极的人的私欲就会急剧膨胀，并逐渐占据领导地位。在这种情况下，个性就会泯灭在强烈的欲望中，他们原有的善良的品格就会丢失。天长日久，感官就会控制人，使人成为它的附属品，不断地堕落，无法自拔。

因此，我们要严格遵守道德的规定，并尽快将它们运用在实际生活中。这样才能做到自律，抑制诱惑和欲望，培养出良好的道德。长期持久地拥有高尚的精神和顽强的毅力，人们才会自觉地履行义务，形成一种习惯。优良的习惯是一笔宝贵财富。

英勇、伟大的人物，能够在意志的作用下，经历风雨的考验，仍然坚持不懈地努力、奋斗。与之相反，道德对那些行径卑劣、道德败坏的人不会产生很大的影响，他们任意放纵自己的情感和欲望，心中的激情和爱就如同火一般地熄灭了。最终，他们会无可救药，消沉堕落，恶习像铁链一样，把他们紧紧地束缚住。

要想做到真诚坦率，不能依靠别人，只能靠自己的勤奋去获取。意志力薄弱的人，没有足够的勇气去抵达自己预期的目标。人是自己的主人，他人是无法替代的。只有自己才能控制头脑，抵制声色犬马的引诱，以诚信为本，不做对他人不利的事，而尽量致力于有益于他人和大众的事情。一个人的道德是高尚、纯正，还是卑鄙、下流，完全取决于他自己。

爱比克泰德是罗马哲学家。他起先只是个奴隶。他给后人留下了一句极富智慧的格言："我们无权选择自己在生活中扮演的角色，唯一能做的就是演好自己的角色。从这个角度来说，奴隶同执政官是平等的，他们拥有一样的自由。一切幸福的源泉都来自于自由，其他东西跟它相比，都显得无关紧要。没有真正的自由，就不可能拥有其他的一切……我们必须清醒地认识到，幸福不是陶醉和幻想，更不是苦难和不幸。

"对于执政官而言，权势不能算幸福；对克罗伊斯来说，幸福也不代表财富；对于米洛和奥菲留斯而言，幸福不意味着权力和力量；而在尼禄、萨丹纳帕路斯和阿伽门农的眼里，金钱、财产、权力、地位都是幸福。弥留之际，他们只能惊慌失措，哭泣流涕、披头散发，让自己成为受人摆布的傀儡！幸福来自于宁静、安详的心境和真正的自由，要靠自己去争取。幸福不能同忧虑和恐惧相提并论，否则就无所谓真正的幸福。它是自己心灵花园中蔚蓝的天空。幸福存在于知足和温和之中，来源于自制和自律。即便是命中注定遭遇到贫穷、凄凉、疾病和死亡，只要心灵能够保持平和，就一定会获得真正的幸福。"

在举世罕见的暴风雨前，庞培毅然决定率军乘船直奔罗马。当时，一个好友劝他不要冒险，因为这样巨大的风暴，很可能会致人于死地。然而，面对着恶劣的天气和朋友的规劝，庞培只是说了一句："我必须立刻出发，我不能吝惜自己的生命。"只要他认为合理的事情，即使经历坎坷，他也毫不畏惧，狂风暴雨和生命的威胁岂能阻挡他的意志和勇气？英勇者不可或缺的强有力的支撑力量，就是职责感。它能让勇敢者更坚强、更勇猛。

恪守职责的意识，是华盛顿精神动力的源泉。庄重的使命感促成了他异常坚定、勇往直前的个性。华盛顿明确了自己的职责以后，就毅然去努力完成自己崇高的使命。他并不是为了获得名声和荣誉，他只是把这些当成自己不可推卸的义务。为了正义的事业，他不顾一切地坚持到底。

为了正义的事业，华盛顿付出一生的精力，他先是就任大陆军总司令，后来又就任美利坚合众国总统一职。无论担任何种职务，他都坚决执行自己的义务和职责，任劳任怨。为了事业，他甘冒巨大的危险。有一回，在是否要批准杰伊先生与英国协定的条约的问题上，大家产生了很大的分歧，但大多数人都希望华盛顿能拒绝这一条约。然而，他出于国家和民族的利益考虑，最终批准了这项条约。那些人就把怨恨都发泄在华盛顿身上，有人甚至向他投掷石头。华盛顿对那些怨声载道的人说："尽管你们反对，但我只能坚持己见并承认这项条约，这是我忠诚于祖国所应该做的，也是我内心的道德规范要求我做的。"

威灵顿的人生箴言就是"恪守职责"。同华盛顿一样，威灵顿行事极为负责。因为工作上的尽忠尽责，他甚至牺牲了自己的"名誉"，心理上承受着很大的痛苦。他曾经在伦敦的大街上被人攻击。当他妻子尸体还安放在家里时，暴动的人们就砸碎了他家后窗。他说过："在人的生命中，最值得人付出和追求的就是忠诚，这是我精神上的唯一动力。"再没有人能像他一样忠于职守了。如果自己都不尽职，就不能奢望别人会有责任心。艾希迪安有句名言："只要我自己恪守职责，他人也会自觉地履行义务的。"

威灵顿在葡萄牙指挥盟军作战时，看到了本国人民在战争中暴露出来的生活方式和行为上的不合理，而他把这一切都归咎于自己。他说："到处张灯结彩，高奏凯歌，热情洋溢，'万岁'声接连不断，盛大的庆祝会各地都在举行。可我们现在最迫切需要的是，各国人民坚守自己的岗位，忠于职责，绝对服从法律法规。"

威灵顿性格中很突出的一个特点是工作上全力以赴。他把责任看得无比高尚，更是热心于公共事业。连他的部下也都受

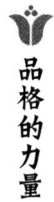

到了熏陶和感染，士兵们跟他一样尽职尽责，关心公共事业。在滑铁卢战役中，威灵顿亲自骑马到步兵操练场。他对其中一个士兵说："年轻人，站好！你觉得我们在英国人心中的形象如何？"士兵毫不犹豫地说："无所畏惧，长官，我懂得我们神圣的职责。"

纳尔逊同样也非常重视责任意识，在为国服役期间，他一直都坚持这一原则。他有一句至理名言："大英帝国最希望的是她的臣民们都恪尽职守。"在特拉法尔加海角军事行动时，舰队的全体官兵都听到了这句话。纳尔逊的生平事迹证明他已经实践了自己许下的诺言。临终前，纳尔逊说过一句话："感谢上帝，我已经竭尽全力了。"

科林伍德是纳尔逊的朋友，他非常勇猛，心地也很善良。一次敌人向他乘坐的战舰发动攻击，就在船即将沉没时，他对旗舰的舰长说："现在我的妻儿们正走向英国的教堂。"科林伍德是一位极其热情诚挚的奉献者，对那些初出茅庐的年轻海员，他总是激励他们说："履行自己的职责，一定要付出全部的精力。"

假如一个人做事情时不但不思进取、敷衍塞责，反而骄傲自满，他就必定会面临挫折和失败，他也不可能会有轻松愉快的心情。他只会带着无比厌烦的心情去处理工作上的业务问题，长此以往同事们也会疏远他。因此，我们一定要十分小心，不能让自己沦落到这种境地。若果真如此，那只会增加你的亲朋好友的烦恼，而令你的敌人拍手称快，这对你自己当然毫无益处。因此，即使最终没有成功，我们仍然要勇于攀登高峰，这样的精神也依然是最具魅力的。千万不要把精力都放在权势上，对此应坦然些，只要你有足够的智慧和才能，有眼光的上司都会优先录用、提拔你。你应该有一个恰当的目标和追求,这是非常重要的。

科林伍德曾经对一位见习船员推心置腹地说:"人只能依赖自己,一定要靠自己去争取哪怕只是一丁点的进步和内心的安宁。对工作要一丝不苟、精益求精。不管和谁相处,言行举止都要端庄、得体,记住'满招损,谦受益'这句格言。唯有善良友好、恪尽职责和精通业务的人,才能得到大家的尊重,受到领导的器重。"

重视职责是大不列颠民族一个极其显著的特点。在特拉法尔加海角即将爆发战争时,"祖国和民族的尊严和胜利或崇高的荣誉"并不是纳尔逊将军所提出的口号,他所呼吁的却是"责任"。用这种战斗口号来管理军队,这在其他民族是根本不可能的。

"伯克哈德"号巨轮在非洲海岸遇难后,渐渐地沉没。船上的妇女和儿童全部被水手们送上救生艇,而他们自己却随同巨轮葬身海底。希赖顿市的罗伯逊说:"是的!英国人最高尚的品格是仁爱、职责、自我牺牲。他们因为心中充满了正义,所以会拥有坚定不移的决心。虽然他们缺少必要的修饰而显得不够儒雅,而且很难区别寒鸦叫声和悦耳动听的歌声,但是,上帝赐给他们的比这些要宝贵得多。他们懂得教导孩子如何面对鲨鱼的袭击,如何同凶猛的风浪搏斗。"

他们教给孩子生存的能力,却没有为之得意忘形。在他们眼里,这只不过是自己应尽的职责。当然,他们不会仰慕任何一位演员,更不会把真正的英雄同演员混为一谈。

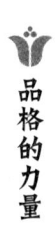

第二节　恪守职责是宝贵的财富

我们整个民族的精神财富是恪守本职的品质，这值得我们引以为荣。只有具备这种品质，民族才能进步，生活才有希望。否则，自私自利、爱慕虚荣、贪图享乐的恶习便会占据人们的心灵，那样我们的国家和民族就会走向衰落，甚至是灭亡。

众多有识之士对于法兰西民族会崩溃的原因，都持有相同的观点。他们认为，是因为人们心中不再有忠诚，这个民族抛弃了社会责任感。在大战前夕，法国进驻柏林的武官斯多菲尔上校为此十分担心。1869年8月，他在写给皇帝的一封信中（战争爆发前一年），谈到了德国人的优点。他说："德国人受到良好的教育，有严明的纪律意识，对待工作一丝不苟，崇尚勤劳、勇气和美德，具有宝贵的奉献精神。为了民族的振兴事业，他们不惜牺牲个人的一切，恪守本职是他们的天性。如此爱国的民族，是极为罕见的。然而，法兰西民族却盛行享乐浮华的风气，令人沮丧。我们的人民目空一切，对正义、道德置之不理。根本不注重家庭生活，更别提爱国的抱负和决心。他们鄙夷勤俭节约，没有敬业爱岗和拼搏奋斗的精神。他们缺少坚定的信仰，轻易地嘲弄、挖苦别人，这一切是多么的浮华轻薄啊！唉，法国人如此无视真理和职责，必然会导致灾难的降临！"

斯多菲尔上校出色的报告中还有以下一段话："这个民族（法兰西）遗失了许多深邃的思想、忠诚的品德、高贵的情操和英勇的精神。过去它们曾经是那样的纯洁、美好，可现在都丢失了。再这样下去，法兰西民族将只拥有一堆精神垃圾。更可悲的是，虽然身处这种环境，法兰西人民却还没意识到。那些上进心很强的民族在他们不断地堕落时，已经日益赶超他们，最终人家把他们远远地抛在了后头。毫无疑问，法国将处在人类历史车轮的后面。"

真正的英雄很少会出现在我们这个年代。为什么呢？为什么没有后人继承前辈的光荣传统呢？即便出于职责偶尔会有人大声疾呼，但犹如汪洋中的一声微弱的啼哭，他们的声音甫一发出就已被淹没了，恐怕很难会有人听见。托克维尔就是一个例子。不幸的是，他最终没能逃脱遭监禁、流放并被剥夺公民基本权力的悲惨下场。在给朋友克尔格雷的信中，他写道："我们同舟共济，为了完成自己的本职和任务而付出了巨大的代价，我毫无怨言。面对阻挠和波折，我仍会坚持不懈，而且我还发现自己越来越有活力。我相信以后很难再有像我们这样尽职尽责的人，在我们的内心深处，实现全人类的利益是至高无上的目标。"

托克维尔是如此的宽厚仁慈，但是他却无法容忍迁就很多东西。他曾经对人说："有些人鄙视普通、平凡的人们，但乐意为他们效劳；有些人却怀着爱心为他们服务。尽管前者也是在恪守职责，在做善事，但他们的眼中会流露出轻视和鄙夷，行动自然不够彻底。因此，人们不会信赖他们，也不会对他们心存感激。我希望自己属于后者，虽然做起来很难。我对同胞和人类怀有无比真挚的热情和爱心，对许多人的粗鲁、卑鄙和愚昧，我感到十分的厌恶和痛恨。"

法国自从路易十四掌权以来，战火频繁发生，日益高涨的情

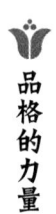

绪导致了暴动、骚乱和好战。其中不乏有人提出抗议，出于对人类的忠诚，他们反对战争，反对暴动和骚乱。他们为了抵制不良的倾向，四处奔波呼吁，还亲自阐述教义。其中的一位勇敢者皮埃尔神父就是这样的人。他不顾个人安危，公开斥责路易十四发动的战争以及君主就是"崇高"的荒谬，他还积极主张世界和平，为此，他失去了学院里的职务。皮埃尔独自一人来到乌得勒支，参加了神职人员组织的大会。他在会上极力宣传和平的观念。他为人忠诚老实，倡导和平。他的计划被杜蓬主教称为"一个忠诚的人的梦想"，然而，皮埃尔的梦想只能存在于福音书中，至于用什么方法将耶稣的仁爱精神更广泛地流传开来，使之成为人们抵制战争和恐惧的武器，他却是有心无力。神职人员大会是代表着信仰基督教的国家意志的集会，为了让人们接受他的思想和理念，皮埃尔想借助大会上的演讲，这可能吗？那些有权有势的官员只会把他的呼吁当成耳边风。

皮埃尔为了让别人接受他的思想，于1713年公开发表了他的"永久和平计划"。他建议成立一个欧洲参议院。这个组织由欧洲各国派代表共同组成，并对各国君主的权力起到约束作用。大家可以通过讨论，公平合理地解决国际事务。这个计划发表80年以后，威尔雷提出疑问："什么是民族？整个人类社会的全体公民组成了民族。什么是战争？战争就是人与人之间的争端和决斗。如果两个人产生分歧并且引发了争执，那社会该怎样？当然要干预、调解。在皮埃尔时代，这些只能是梦想，幸运的是，今天它已逐渐实现了。"

然而，法兰西民族在25年之后，一次又一次陷入到灾难性的战争中，国家沦为硝烟弥漫的战场，这在之前是绝无仅有的。威尔雷美好的预言并没有实现。但是皮埃尔并不只是空想，他提出了许多切实可行的革新措施，最终也都得以实践。刚开始，他创办了一个技工学校，主要招收家庭贫困的学生，给他们良好的教育，使之学到有用的商业知识。当这些孩子长大成人以后，就能依靠自己的劳动生存下去。皮埃尔坚决反对铺张浪费、粗鲁暴力、隐修和赌博的生活方式。

塞格雷有句名言："迷恋隐居生活的人，他的灵魂是歪曲的。"皮埃尔曾经引用过这句话。为了资助那些贫穷的孩子或有困难的人们，皮埃尔倾尽家产。他希望自己能够长期地帮助他们。真正的解放和自由是他一生的追求，他始终对真理充满忠心和热情。在80岁高龄时，他说："假如将生命比作彩票，我的运气已经算很好的了。"在皮埃尔弥留之际，伏尔泰问他在想什么。皮埃尔回答说："人生好比一次旅行。"由于对社会上的各种不良现象，他曾经做过很尖锐的批判，因而他的敌人不允许学院派首领莫泊桑（他的继承人）来致悼词。甚至在32年以后，达伦巴特仍不能纪念他，给他应得到的荣誉。皮埃尔的一生就是这样热爱真理，真诚坦率而又平凡普通。他懂得爱，这是刻在他的墓碑上仅有的几个字。

恪尽职守与诚信就像两个最要好的朋友，两者密不可分。尽职尽责的人会同时拥有诚信的美德，他们言而有信。切斯特菲尔勋爵认为，忠实守信是最宝贵的品质，也是他取得成功的原因。勋爵有一句格言"诚信高于一切"，世人永远不会遗忘。在评价生活在同一时代的善良、高尚的绅士福克兰时，克拉伦敦说："他是个十分真诚的人，只要说了一句谎言，就会像做贼一样，惊慌失措。"

哈金森在谈起自己的丈夫时说:"他是值得别人信赖的。他从不说自己不愿干的事,无法兑现的他也不会轻易许诺,但若是能力范围之内的,他决不会推脱,而且言必行,行必果。"大丈夫一言九鼎,怎么能反悔?普鲁士的陆军元帅布吕歇尔就是信守诺言的楷模。

1813年6月18日,为了能尽快赶去支援威灵顿的军队,他率领着士兵们在蜿蜒曲折的山路上急行军。在战斗的时候,一分一秒可能就意味着最后的结果。但道路崎岖难行,行军的速度受到了影响,此时大家都已经疲惫不堪了。布吕歇尔焦虑万分,他鼓舞大家说:"快点,年轻人,再快点!"士兵们无力地回答:"这已经是最快的速度,我们没办法加快了。"他又说:"我知道大家很辛苦,但任务一定要按时完成。威灵顿还等着我们去救援呢,我们决不能言而无信啊!"他的一席话使士兵们精神大振,加快步履,终于准时抵达了目的地。

忠诚守信是人立足社会的根本。如果没有这个基础,就会出现涣散松懈、杂乱无章的局面。虚伪和谎言会破坏家庭的团结和幸福,影响社会的发展。曾经有人这样问托马斯:"难道你从来都没有撒过谎吗?"托马斯坚决地说:"当然。撒谎是没有任何借口的,也没有任何值得赞扬的地方。社会是人类关系的总和,只有真诚忠实才能保障整个社会的良好运转。"

最卑劣的行为莫过于撒谎。它是道德败坏的结果,与之为伍的是懦弱、狠毒。但撒谎者却被有些人纵容了,认为不值得为之大惊小怪,总有一天纵容者将自食恶果。

出于国家的利益考虑,一位忠诚的使者在国外执行公务期间,没办法撒了一次谎。但国王詹姆斯一世非常生气,并逐渐疏远了这位大使。这是哈里·沃顿先生列举的一个生动的事迹。出乎所有人意料的是，沃顿先生原本是想赞美这位大使的忠诚，以此来表达自己的职责观念：在"一个人的幸福生活"这一章的卷首，沃顿先生写道："最有力的武器就是忠实诚信，安于职守是为人处世之道。"

在外交手腕、生活谋略、权宜之策、道德异议等这样那样的行为和方式中，虚伪很容易显露出来。生活在不同环境的人表现方式不同，表现的程度自然也不一样。有些谎言躲藏在含糊的语言说辞之中，这些话让人不知所以，让人产生错觉和幻想。正如现在法国人说的"绕着真理兜圈子"，怎么也不肯说实话。

心胸狭窄、虚伪的人，讲话时总是吞吞吐吐、闪烁其词、不着边际，让人不明白其真正的意图。他们割舍美德，远离真理，害怕负责。他们自以为高明，狡猾得同狐狸一般，在现实社会中左右逢源。假如所有的人、家庭或组织都以此作为标准，那么社会不可能取得进步。虚伪和浅薄是不可容忍的。乔治·赫伯特说过："再完美的谎言，终究会被戳穿。"冠冕堂皇的谎言实在可恨，但模棱两可的"实话"更让人难以接受。

贪慕虚荣，会让人变得爱炫耀，失去纯真。有人霸占他人的劳动成果，却丝毫不觉得愧疚。但真正诚实的人不会吹嘘自己取得的成就。皮特临终前听到威灵顿在印度的辉煌业绩时，感慨万千。他说："我总是能听说威灵顿的光辉成绩，这也让我对他更加崇拜。他真诚而又谦虚，配得上这荣誉，他从未对自己的成绩得意洋洋。"

教授泰多尔在评价法拉第时说："他厌恶客观生活和哲学上的种种虚伪。"马歇尔博士具有同样的忠诚尽职的伟大人格。他

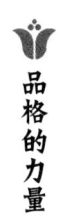

的一位好友这样评价他:"无论在哪儿,他一旦发现虚伪,就会毫不留情地批判。'我不愿也不该撒谎'是马歇尔的座右铭。他对待正义和虚伪,十分严肃。不管有多大的困难,付出多大的牺牲,他都坚持诚信,反对撒谎。"

在阿诺德博士眼里,诚实犹如一面道德的镜子,能照出每个人的心灵。所有高尚情操的基础是诚实,任何东西都不可超越诚实。阿诺德博士苦口婆心地教导年轻人,办事要真诚,以诚为准则,信守诺言。他一旦发现谎言,就会非常沮丧失望,甚至认为撒谎就相当于道德犯罪。他信任自己的学生,总是对他们说:"你能这么说我很高兴,我也相信,你一定会说到做到。"阿诺德博士教育学生们要言而有信,以诚为本并且以身作则。他的学生们说:"千万不能对阿诺德博士撒谎,他最不能容忍别人虚伪或失信。"

恪守职责、忠诚守信的典范是乔治·威尔逊。他在爱丁堡大学担任教授时,对工作一丝不苟,同时还具备勤俭、勇敢、乐观的宝贵精神。

虽然威尔逊命运多舛,但他乐观豁达,努力工作,具有不可战胜的勇气。年幼时,威尔逊机智活泼,但体质单薄虚弱,经常生病。他并不注重体育锻炼,但学习极其勤奋,参加各种竞赛,用脑过度。在他17岁时,就患有失眠和抑郁症,他认为这是暴躁的脾气所引起的。他对一位朋友说过:"我的寿命是不会长的!我总觉得心力交瘁,体力不支。"一个处于花季的青少年说出这样的话,真是让人心痛不已。为了身体健康,他突然间进行大负荷量的体育锻炼,不知道这样反而不利于健康。在高原地区的长途跋涉,消耗了他所有的精力。没办法,他只能重新投入到脑力劳动中。

有一回，在斯特林附近强化步兵训练时，威尔逊的一条腿受伤很重。他的踝关节由于过度脓肿，只能截肢，他因此失去了右腿。但是威尔逊仍坚持工作，继续演讲，并教化学课。后来，他又得了风湿病，双眼红肿，医生叫他吃秋水仙子的种子来散寒，让他在高温环境中接受治疗，这些都是非常痛苦的。

既然无法写作，威尔逊就为演讲做精心准备。他坚持每周都给爱丁堡的学生讲演，从未缺席过。但回去以后，等待他的就是痛苦难熬的一夜。在27岁时，威尔逊每周要演讲十多个小时，他身上的水疱伤痕清晰明朗。他戏称之为"知己"。他能够感觉到自己的生命不久将要走向终点。

在肺部出血、精力衰竭的情况下，威尔逊才被迫停止工作。但调养一周后，他又马上重新投入工作。他说这是"井里又有泉水冒出来了"。但此时他已病入膏肓，每次咳嗽都异常痛苦。不过，他依然坚持去演讲。一次，他不小心摔了一跤，由于触地时手臂用力过猛，导致骨折。在困难面前威尔逊并没有退缩，相反，他越发坚强了。他一次又一次地奇迹般地从病魔和痛苦手中逃脱。他同往常一样，仍给建筑系和艺术学院的学生授课。

有一天，他下课后刚躺下休息，血管突然破裂了。失血过多，威尔逊更加清楚自己来日无多，死神在召唤他。但他却平静地走回讲台，又给学生讲了两堂课，完成了自己的责任。此外，他还兼任苏格兰工业博物馆馆长一职。为此，他的负担加重了何止千百倍。

从这以后，威尔逊把自己的心思都放在了这个"可爱的博物馆"（威尔逊这样称呼它）上。他不仅收集各种模型和标本，还

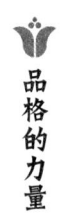

利用休息时间到贫困儿童的免费学校、教堂或医学界传教协会演讲。直到生命最后一刻，他也没停止工作。他的肺部再一次严重出血，他不得不暂停手头的工作。他写道："这个大斋节真是令人惊恐。大概已经四十天了吧，从西伯利亚刮来刺骨的寒风，温度骤降，严寒难忍。我成了这场寒冷的囚徒。我的肺中似乎有根冰柱，忽冷忽热。我已经连咳嗽的力气都没了。每次演讲，感谢上帝，让我又挺过来了。我的使命在明天给艺术系上完课后也就全部结束了。"

我还有多长时间？这是威尔逊在想的问题，他的能量早已经消耗光了。很久以来，他就感到萎靡不振、软弱无力。他无法继续工作了。哪怕只是写封信，他也感到力不从心，他说："现在除了睡觉什么也干不了。"然而，《论知识入门五条途径》这篇精彩的演讲稿，他还是为周日学校写出了，并以惊人的毅力，将之扩展为一本书。只要身体稍有起色，他就开始给学生讲课或者做些其他事情。他在给兄弟的信件中写道："有的人可能会认为我不正常。我曾答应要给哲学系的学生作有关光的振动问题的讲演，但始终没有实现……我非常渴望完成它，因为家庭的传统教育教我这样做。"

威尔逊整夜都无法入睡，他一直忍受着病痛的折磨。他原本衰落的身体显得更加虚弱，神思也极为恍惚。他说："站在讲台上是我唯一感觉不到痛苦的时刻。"正是在这种极度痛苦的情况下，他开始着手创作《爱德华·福布斯的一生》。跟以往上课一样，他认真、严谨地写作，此外还继续上课、演讲。有一次演讲进行了一个半小时后，他询问听众是否希望接着听，回答他的是台下一阵阵热烈的掌声，听众请他再讲半个小时。他记道："犹如我手中提着的黏土,在一段时间内,我能以自己的意愿随意改造,责任心的确无比神奇。我自己都感到奇怪,只要有听众,我就会兴奋激动。

"我并不是为了得到别人的赞颂,不过,我会尽力让他们欣赏我。我不求过高的荣誉和名声,但愿我的演讲能够让听众感到满意。在我看来,职责确实是重于泰山,任何东西都无法超越它。"

以上是他在人生中最后的四个月写下的一段话。之后他又作了补充:"我的日子要用星期来计算,已经不能用年来计算了。"经常性地咯血,消耗了他的精力,剩下的只有无限的痛苦,但他仍坚持演讲。他的朋友提议找个人来照顾他,倔强的威尔逊不以为然地说:"生命与工作同在,怎么可以让他人照顾呢?"

1859年的一天,他演讲结束后,正想离开爱丁堡大学回家去,忽然感到胸部一阵剧烈的疼痛,连上楼的力气都没了。医生检查后发现他肺部发炎,原来是胸膜炎发作。他那衰弱不堪的身体再也经不起病魔的折腾,终于倒下了。今后,太阳照常升起,但他痛苦的一生终于走向尾声了。

威尔逊的妹妹为了悼念他,写了一本名为《乔治·威尔逊的一生》的书。字里行间溢满真情,展现给读者一个坚决与病魔作战的勇士形象。书中详细叙述了威尔逊长期所受的痛苦和煎熬,这位勇士意志坚定、恪尽职守。一代又一代人被他崇高的品格所鼓舞。这样优秀的作品在文学史上也是极为罕见的。跟威尔逊一样,他志同道合的一位已经亡故的好友约翰·雷德博士的一生也是不断地在与疾病斗争,并在这期间塑造了自己光辉的形象。

品格的力量

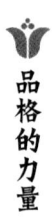

　　威尔逊在约翰·雷德的回忆录中,写了以下一段话:"我为你骄傲,我会以你为榜样。你乐观、忠诚、勇敢的品质时刻鼓舞着我。带着我们无限的眷恋,你悄悄地走了。你的谦虚宽厚,让人由衷地钦佩。犹如钢铁一般,你的意志承受了他人不可想象的痛苦。你的一生,平静而又祥和,但又是如此匆忙。"

第八章

个性的力量

无论何时何地,只要人乐观、豁达,就会感到身边的生活是光明、美丽和快乐的。因他眼中流露出的光彩,整个世界都会因而溢彩流光。据此,温暖会取代寒冷,痛苦则为舒适所取代。这种性格让美丽更加灿烂迷人,使人的智慧更加熠熠生辉。

第一节　豁达的个性决定生活的幸福

性格在人的生活中起着非常重要的作用。能引导人找到生活中美好的东西正是人性格中的温顺成分，因为在这些人身上找不到丝毫令人痛不欲生的痛苦，因为他们的心灵总能透过黑暗的天空看见一线光亮，所以，他们即使处在灾难与痛苦之间，也会找到心灵的慰藉。即使抬起头看不见太阳，天空被重重乌云布满了，他们也仍然坚信，太阳就在乌云之后，阳光终究会普照大地。

具有亲和力的人通常不会遭人忌妒。他们的心中也充满了明媚的阳光，在具备这种性格的人的眼中，一直闪烁着快乐的光芒，他同时能使人感受到他们的欢快、达观、朝气蓬勃。当然，他们也难免精神痛苦与心烦意乱，然而使他们明显区别于众人的是他们能以愉快的方式接受这种现实，而没有一点抱怨，没有一丝忧伤，以至于将人生弥足珍贵的精力浪费于此；相反，他们拾起了生命道路上的那朵鲜花，奋勇前进。

我们绝不能就此认为他们意志薄弱，缺乏理智。这种人之所以被人信赖，是因为他们性格中最显著的特点是天性愉快、乐观、友爱，并且对自己的前途充满希望。他们凭借高远的见识，敏锐的目光，最先突破厚厚的乌云，看到灿烂的阳光。他们善于从所在的逆境中看到希望。虽然疾病缠身，但他们相信，只要努力，就可恢复健康。生活的艰苦磨炼使他们培养起遵守纪律、善于纠正错误、及时总结经验教训的作风。在痛苦和挫折面前，他们鼓起勇气，从不退却。正是在这个锻炼的过程中，他们掌握了众多知识，领略了生活之艰辛！

杰勒·米泰勒面对家宅被人侵占，家人流离失所，无家可归，庄园又被没收的局面，却这样写道："我落到了财产征收员的手中，我的一切财产都被他们毫不留情地剥夺了。此刻我又有些什么呢？让我好好地想一下：那可爱的太阳和月亮，他们留给了我；温良贤淑的妻子，他们仍让她站在我的身边；还有许多为我排忧解难的患难知己。除此之外，我对上帝的敬仰，我愉快的心情，欢乐的笑容，他们都不能夺走，我向往的美好天堂他们更无法剥夺，还有我对他们罪恶之举的仁慈与宽厚。我还是一样地喝酒、吃饭、睡觉和消化，还是一如既往地读书和思考……"

泰勒碰上意外的打击或灾难时，仍然能够保持欢乐，他拥有足够的理由如此宽慰自己。他似乎迷恋起痛苦和灾难，可以说，在这种常人难以摆脱的痛苦与怨恨面前，他始终可以怡然自乐，不以众人之忧而忧，而以常人之忧为乐。敢于藐视困难，将灾难视为寻常荆棘的意志，使他有了这等境界。他认为这仅是坐在小小的荆棘上而已，不足为虑。

这种愉快的性格，尽管主要来自天性，但和其他生活习惯一样，只要通过训练和培养，完全可以得到加强。我们每个人或可充分享受生活，或根本无法明白生活的乐趣，这主要取决于我们在生活中提取了快乐还是痛苦。我们看重的是生活中的光明还是黑暗，关键在于我们对待生活的态度。其实任何人的生活都有两面性，这在很大程度上取决于我们如何审视生活。我们可以凭借自己的意志力量做出正确的选择，使自己变得乐观、快乐。乐观与豁达的人即使在最黑暗的时候也能看到希望，找到生活光明的一面。

无论何时何地，只要人乐观、豁达，就会感到身边的生活是光明、美丽和快乐的。因他眼中流露出的光彩，整个世界都会因而溢彩流光。据此，温暖会取代寒冷，痛苦则为舒适所取代。这种性格让美丽更加灿烂迷人，使人的智慧更加熠熠生辉。人如果生性忧郁、悲观，那就永远也不会欣赏到生活的七彩阳光。在他们看来春日的鲜花顿时失去了娇艳之色，令他们烦躁不安的甚至包括黎明前的鸟声，无限美好的苍穹和五彩缤纷的大地成了灰色的布幔，什么也无法使他们的精神得到振奋。在他们眼中，一切令人厌倦，没有灵魂，更没有生命力，都不过是苍茫的空白。

快乐和幸福来自于性格的乐观、豁达，它们也构成良好品德的一部分。人类怎样战胜各种诱惑？"第一是欢乐愉快，第二是欢乐愉快，第三还是欢乐愉快。"作家如此回答道。欢快乐观的性格让心灵这片沃土滋生出善良、仁慈和正直，它是仁慈友善的忠实朋友，与耐心和坚忍忠诚相伴，是智慧之父，聪明之母，也是道德与良知的保护神。"愉快的心情，"正如马歇尔博士对病人所说的，"是最好的药物。"智者也说："十副良药也远不及欢悦的作用。"

路德曾潜心致力于精神抑郁症的治疗研究。"欢乐和理性，尤其是发自内心的欢乐和理性，与诚实的勇气一样，无论是针对年轻人还是老年人，都是治愈精神抑郁症的良药。"这就是他的药方。那些心浮气躁的男子的意志力，就像女人们的心一样脆弱不堪。但无论是美妙的音乐，还是孩子、鲜花，都能使人精神大振。

有人把快乐的心情比喻成蔚蓝的天空下一首没有歌词却永无止境的曲子，它能安抚人的灵魂，恢复人的精力，使美德更加崇高。快乐的心情是永不枯竭的清泉。这种愉悦的心情可以滋润人的精神、灵魂和美德，尽管烦恼和不安一再出现，挫折和磨难也会将快乐的心情一再消耗，但这如甘露的愉悦心情永不会枯竭，而且越是经历磨难，越是清亮无比。

在我们的眼中，帕默斯顿勋爵是一个什么样的人呢？他一生历经坎坷，接二连三地遭受挫折，但他并未被挫折所吓倒，终其一生与之顽强拼搏。帕默斯顿性格温和，拥有一种童心未泯的快乐。他生来胸怀豁达，品格宽容。他拥有很强的忍耐力，可以恰到好处地自我克制。在种种不公正的待遇和莫名其妙的打击面前，他总能摆脱抱怨与苦恼，使自己的内心重归宁静、平和，所以他不会自我摧残，也不会自我折磨。即使是一位连续观察了帕默斯顿20年的朋友，也很难看到他勃然大怒与自我消沉的时候。当内阁们忙着处理有关阿富汗发生灾难的问题时，面对对手们通过做伪证或有意篡改公文和制造谎言等各种途径对他进行控告和诬陷，帕默斯顿也不会因此忧虑、痛苦，仍生活得很快乐。

我们可以从众多的人物传记中了解到，天才式的人物具有乐观、豁达的性格，并心地善良。他们蔑视权贵，与世无争，能感悟真正的生活，发掘人生所蕴藏的无穷快乐。诸如荷马、贺拉斯、维吉尔、莫雷拉、塞万提斯之类的人，他们将健康与宁静的快乐和伟大的创造活动结合起来，因而都具有乐观豁达的性格。更有甚者，培根、路德、莫尔、莱昂纳多·德文西、拉法叶和米歇尔·安吉罗等都具备快乐、淳厚的品质。因为他们长期从事五

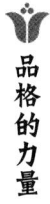

花八门的快乐工作，这是他们幸福和快乐的原因，而由此他们的心灵深处更是产生了用之不竭的创造活力。

弥尔顿一生始终面临着艰难困苦，各种麻烦不断，但他总是乐观、爽朗。朋友背弃他，眼睛瞎了，屡遭挫折——"前途一片漆黑，有一个令人恐惧的危险的声音总在前面号叫"，然而他并没有抛弃信心和希望，反而"精神振作，勇往直前"。

亨利·菲尔丁一生贫苦，挫折不断，病魔也总是与他形影不离，玛丽·沃特雷蒙·太古夫人是这样评价他的："他是个乐天派，因而世上无人能比他更幸福、快乐。"

约翰逊博士一生历经艰难险阻，但他用愉快的心情与命运进行了不屈不挠的斗争。他心存乐观的人生态度，充分享受生活的快乐。有一次，有个牧师一直抱怨生活的枯燥和乏味，他说："他们谈论的仅是小奶牛而已。"斯拉雷夫人的母亲说过："约翰逊博士擅长谈论小奶牛。"——她的意思是说他具备强劲的适应能力，无论环境怎样，他一直乐得其所。约翰逊博士对此深感荣幸。

约翰逊坚信，人会随着年龄的增加而变得越来越成熟，在岁月流逝中，人的性情会变得越来越温顺。那个愤世嫉俗的人——查斯特菲尔德勋爵反驳说："随着岁月的流逝，人心不可能变得温和，相反会变得更冷酷无情。"自然，由于思考问题的方法、角度不同，更由于生性气质的不同，每个人会得出不同的看法。一个人如果心地善良，善于不断汲取经验教训，能够自律自制，他就可趋于完美。而对于那些品性不好、一意孤行、脾气暴躁的人，当然不可能变好，只可能越来越坏。

仁慈的瓦尔特·司各特先生心地极好，因而受到每个人的欢迎。即使是家中聋哑的宠物，也能在五分钟内立刻体会他的友好、善良。司各特曾经把年幼时的一个故事告诉霍尔上尉，这个故事凸显了他的恻隐之心。一天，一条狗摇头摆尾地朝他扑过来，他猛地捡起石块扔向了狗，不偏不倚打中了这条狗，可怜的小狗忍痛艰难向他爬来，它的腿已断，却使劲舔着司各特的脚。司各特说道："此事成了我心头挥之不去的遗憾。"这件事给他的震撼让他终生难忘。

司各特将"放声大笑吧！"这句话经常挂在嘴边，他总是以发自内心的微笑来真诚待人。在同他人的交往中，他始终和颜悦色、以诚相待。他身旁的人纷纷被他爽朗的笑声所感染，就在这朗朗笑声中，大家对他的拘谨与敬畏之情一扫而空。管理麦尔罗兹大修道院废墟的员工如此说："他会来这儿的，甚至还会和一大群人一起来，我总能远远地听见他在叫：'杰里！杰里·鲍威！'当我们相见时，他总是妙语连珠。与我们闲聊时他如老朋友般随意。简直无法使人相信这就是鼎鼎大名的历史学家——司各特。"

阿诺德博士对人非常真诚友好，而且极具同情心。在莱尔曼教区的职员说："他是我生平见过的最谦恭的人。他走过来，同我友好地握手，就同我的朋友一样。"在他的生活中并无半点矫揉造作与傲慢之情。"他一度常来我家。"那位福克斯附近的老妇人接着说，"在与他谈话的过程中，我越发觉得自己像个贵妇人。"

生活在西尼·史密斯先生眼中总是如此美好，不管有多厚多黑的乌云，也始终挡不住太阳的光辉，而漫长的黑夜过后，终将迎来黎明。他是个乐天派。当乡村教堂牧师也好，做牧区教区长也罢，他都一如既往的友好、善良，辛勤工作。他的爱就像滔滔江水，绵延不绝。西尼·史密斯先生是我们学习的楷模。他可以说在各个方面为我们树立了榜样，在他身上，时刻都体现出诚挚的友善与宽容，无时无刻不体现出基督教的教义。他的行为昭示了崇高的绅士风范。

他闲暇时，手勤笔快，歌颂正义、自由，同时他主张信仰与人性解放，强调教育的重要性。史密斯先生的文章总是与邪恶作斗争，文锋犀利，并且一气呵成。他从不会因为俗人卑劣的需要或世俗的偏见而放弃写作的立场。他拥有非凡的精力与豁达开朗的天性，乐观向上是史密斯先生永不放弃的目标。尽管他老年时疾病缠身，在弥留之际，仍不忘写信给卡利斯勒夫人："一旦你道听途说，为几磅肉要找主人，那么这几磅肉就非我莫属，正如堂区牧师的职务另有所属一般。"

勤劳、富有耐心、乐观豁达是每位伟大的科学家的共性，代表人物如伽利略、笛卡尔、牛顿和拉普拉斯。其中尤以数学家兼自然哲学家欧勒最为突出。晚年的他始终保持愉快写作的习惯。凭借长期训练获得的过人的记忆，他绘制了大量极富创造性的机械制图。在这段时间里，对他来说最快乐的事莫过于在工作之余教导孙子们。

《大不列颠百科全书》由爱丁堡鲁宾逊教授担任主编，殊不知凶残的病魔让他多少次不能工作，只能和孩子们玩耍。我们在詹姆斯·瓦特的信中，找到了他的一段话："我看着孩子们逐渐长大，越来越觉得心旷神怡。我经常兴奋不已，因为孩子们那质朴的行为。此刻我才发现，小孩子身上蕴藏着无尽的快乐。我应该感谢法国的理论家们，是他们把我引到了注意孩子的轨道上来。孩子笨拙可爱的一举一动和异想天开的念头已经让我深深着迷。如今，无力对幼儿能力的形成发展过程做完备的研究，就是我唯一的遗憾。"

阿波西特是在日内瓦经历过耐心和毅力的痛苦考验的自然哲学家，在研究之余，阿波西特对气压及其变化产生了浓厚的兴趣，他想从中找到支配大气压力变化的一般规律。他与牛顿有着极其相似的遭遇。当他处在打击与考验之中时，他所能做的只是默默忍受。他在接下去的27年间，克服寒暑变化，坚持天天观察，并认真严谨地做好观察记录，以备不时之需。一日，他的实验室来了一名新助手。出于热心和诚意，她把阿波西特的实验室打扫了一番。然而出乎她意料的是，当阿波西一踏进屋，看到原本整洁、井然有序的实验室"物归原位"时，却反问道："就是在气压表旁边的那些纸，哪里去了？""哦，先生，"助理员回答说，"我把那些脏兮兮的纸拿去烧了，然后又在那放了些新纸。"阿波西特双手叉腰，一脸痛苦，他平静了一下无可奈何地说："你毁掉了我的劳动成果，27年的艰辛就这样被你付之一炬了，我希望你以后不要再乱动屋里的任何物品了。"

那些浅尝辄止、没有毅力和耐心的人，在自然历史的研究领域是不会有所作为的，因为这是一门比任何学科都更需要耐心和毅力的学科。事实证明，就整体而言，其他科学家的寿命明显不如自然科学家长。林耐协会（英国一家学会，曾出版博物期刊等）的一个会员向我透露：1870年有14位林耐协会会员去世，其中年逾90的有两位，5位年过80，另有2位年满70岁，而这14人的平均寿龄则为75岁。

植物学家亚当逊在法国大革命爆发时已年逾70了。在那个动荡的社会里，亚当逊失去了包括房屋和花园在内的所有财产，他变得有些狼狈。但始终支持着他的是一种耐心和毅力，让他能对失去的一切泰然处之。亚当逊是一个学会的创始人，一次这学会盛邀他参加活动，然而他推辞了，原因竟是他没有鞋子可穿，这实在让人匪夷所思。

居维叶说："无论是谁看到这位可怜的老人佝偻着背，在一堆篝火旁，用微微颤抖的双手将植物的特征描绘到一张小纸上的情景，都会为之感动。研究自然历史带来的无穷乐趣，生活中一切的苦痛都因此而烟消云散。凡人绝不可能享受的这种乐趣，却处处陪伴着这位老人，犹如温柔善良的仙女。"这位老人食不果腹、衣不蔽体，董事会正筹划着给他一点津贴。拿破仑当机立断，要把津贴提升为原来的两倍。这位饱经风霜的老人以他独有的平静方式度过了属于他的79个年头。在遗嘱规定的葬礼的举行方式中，亚当逊的性格特征也得到了充分反映。他的要求仅是用尽其一生所确证的58种植物编织成一个花环，作为棺木上的唯一装饰。同他的巨著一样，他的这种独特简单而又令人感动的无形纪念碑终将屹立不朽。

第二节　乐观，让生活充满阳光

据说，约翰·马尔科姆爵士一度在印度精神压抑的军营里出现，人们把他的出现比喻为"一束艳丽的阳光普照大地……离开他的人没有一个不是笑容满面、心情愉快的。他还是那样的爽朗，具有让人不可抵挡的魔力。"伟大开阔的胸襟，乐观的人生态度，让人备受鼓舞、希望倍增。被他们的性格所感染的人也能精神振奋。

在埃德蒙伯克的生活里，洋溢着快乐和幸福。某日，在约苏·阿雷诺兹爵士先生家的餐桌上，人们的话题涉及性格气质与喝酒的关系，约翰逊笑着说："男孩应该喝红葡萄酒，成年人适宜喝白葡萄酒，而英雄的杯中物则应是白兰地。"于是，伯克说："那么，给我红葡萄酒吧，我希望自己是不知天高地厚的小男孩，少时的欢乐来得自然，让人兴奋不已。"一些人即使年纪已大，但是心态依然年轻；一些人虽然活着，心却已经死了。就像白发苍苍的老人怀着忧郁、看破红尘的苍凉之心不足为奇一样，人的心境与年龄并无多大关联，一旦拥有豁达、乐观和开阔的胸怀，心就永远快乐、活泼。

看到那些未老先衰的年轻老头，一位人老心不老的老人只能惊叹："唉！照这样下去，这个世界只能属于年老的孩子了。"快乐源于豪爽、豁达，宽宏大量、与人为善促成幸福，童心不泯、精神快慰便是难得的精神享受，这是那些一本正经，过分拘泥的年轻人所享受不到的。他们因循守旧，缺乏创造性，徒有年轻的外表，实则内心早已经苍老、僵化。一提及这类未老先衰之人，歌德满是惊讶："唉，可怜这些年轻人，竟能装出如此的古板。他们的行为显得多么荒唐和愚蠢啊！"歌德希望看到一些精神焕发、本性自然、朝气蓬勃的年轻人。一看到那些一本正经、很放不开的年轻人，歌德就会愤怒地嘲笑"这些少年是多么俊俏亮丽的'美'啊！"话音未落便转身离去。

爱、希望和耐心构建了幸福。以爱换爱，爱的翅膀放飞心灵，让它永远年轻、有活力。换言之，爱就是坦率与真诚。爱就是仁慈、宽厚。爱生万物，它是光明使者，为幸福引路。爱就像"一轮红日升起在茫茫草原，照耀绚丽的百花丛"。从爱中我们拥有了欢快的信念，依托爱的精魂营造出融融暖意。一个心中拥有爱的人，会为自己的拥有者祈求神灵赐予幸福与他相伴。爱本无价，却无须任何花费便可拥有。有了爱，即使是痛苦也会变成幸福，伤心的泪水为甘泉所取代。爱与幸福形影不离，不可分割。

边沁是英国著名哲学家、法学家。他相信，如果一个人所给予的幸福和快乐越多，他得到的也越多，一个人只要心地仁慈，他所拥有的幸福和快乐也会越来越多。反之也一样。若一个人待人友善，势必得到友善的回报。边沁说过："一句良言可以温暖三个冬季，言善引导行善。你的一句话既可使人做好事，又可使受雇于你的人们择善而从、积善行德。这绝非个别现象，它的普遍性不言而喻，因为人与人之间的友谊在不间断地起作用……"

自然，偶尔的仁慈、善良之举并不能给人以教导和启发。尽管如此，只要方法得当，仁慈善良的行为一定会让对方深受感动。满腔热情也可能会遭遇冷水而冷却，好的行为换回的可能是一脸迷茫，但有一个事实不容改变：善良的人不会因此而不再热心，他们的乐善好施并不图回报。善良的心因善而挚诚，争取让友谊和文明的种子扎根于人心这片沃土，使其生根、发芽、结果。看到仁爱之心似星星撒播人间，幸福之花插在人们心头，这时我们才发现回报是如此之丰厚。春华秋实，一分耕耘一分收获。让我们为了更厚重的回报，珍惜这美好的品质吧！

大诗人罗杰斯讲过一个小女孩的故事。小姑娘深得众人喜爱，有人问她："你为什么会有如此魅力？""我想，可能是因为我喜欢大家吧!"这个故事发人深省。无论怎么说,与人类的付出成正比的是人类终会拥有的幸福与快乐。然而如果不能即时扶善济贫,即使我们取得了巨大的物质成就,那终究是不幸。

拉尔·亨特深刻地概括出:"善良拥有世人最伟大的力量。"善良是一种巨大无比的力量。人始终不能摆脱感情的束缚。法国有一句谚语说得好:"人类历来贪图安逸享乐。""运用人们身上的力量,可以创建一个凝聚友谊的善良之举,如此,为什么人类不将造孽的力量用来行善呢?"杰勒米·边沁反问道。

仁慈与善良并不是礼物所能代表的,真正的仁慈需要一颗善良的心。当然,从钱包中掏出的钱并不一定可靠,甚至可能已经埋下了祸患,因为这个人的心冰冷漠然。源于善意的帮助,真正的关心才会有好的结果。

我们并不能把体现在善意之中的温良同愚昧和怯懦等同起来。谦恭并不意味着懦弱,心平气和更不是退让。消极、被动绝非真正的善良和仁慈,积极主动才是其不变的实质。善良仁爱的人,必定是拥有同情心、与人为善、友爱他人的人,绝不可能是心冷如铁、麻木不仁的冷血动物。彼此友爱、互相关心的社会,绝不会出现混乱的局面,它必定是一个生机盎然的社会。在这个社会里,人们千方百计为行善而忙碌奔波。从此,在仁爱力量的推动下,人与人产生了更多的关爱,国家与国家之间也能亲如一家。仁爱的力量使诚心向善的传统代代相传,并使人的精神世界得到净化,从而确保人类的幸福。

那些自私自利、一生只爱自己的人,注定要成为碌碌无为的懒汉。积极工作、吃苦耐劳会帮助人养成心地善良与仁慈的

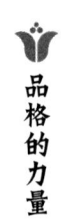

品质。法国博物学家布丰曾经谈到，他从不曾给过那些缺乏热心的年轻人什么建议。原因在于布丰崇尚的是不易获得的高尚与美好。

自私自利是最可怕的事情，尤其对年轻人来说。他们往往容易狂热，因为他们的自私自利。他们的心为自我所填满，容不得他人，甚至不惜牺牲他人的利益。在他们心中自己就是上帝。这种人私欲恶性膨胀，贪得无厌，但贪婪最终会把他们吞噬。

发牢骚的人简直是最为糟糕的了，他们终日无所事事，还认为"没有什么正常可言"。抱怨只会令他们更为沉闷无聊，死气沉沉。打个比方，这些人犹如最差的工人厌恶劳动，犹如最坏的轮子总是在不停地吱嘎吱嘎响，社会上往往是四肢不勤的人才只会抱怨。

牢骚满腹已经成为许多人的日常习惯。一切美好的东西在心怀妒忌的人眼中都成了灰黄的，世界黑白混淆，让人时刻担忧烦恼与空虚。心术不正的人认为世上一切都是歪的。英国传统滑稽木偶剧《潘奇和朱迪》中有个小女孩，当她发现装满麦子的玩具丝毫没有价值和意义时，就说她唯一能去的地方是"尼姑庵"，在那里，她才能找到自我。现实世界里也不乏严重病态的成年人。有些人总是以"身体不好"为借口，更有甚者，居然将之视为珍宝。岁月的流逝不能改变这种病态，相反它会日愈顽固。可能他们只是希望以这种手段博得旁人的同情，否则他们定能发觉自己无足轻重。

生活中的各种小麻烦接踵而来，我们不能掉以轻心，必须妥善处理。小问题处理不了就会演变为大问题；小麻烦不解决，听之任之就会转化为大麻烦。真正的烦恼与忧愁，多半是主观捏造、无中生有、杞人忧天。一旦痛苦降临，这些琐碎的烦恼自然灰飞烟灭。

我们之中也有人记下了许多烦恼，并处处加以比较。这样一来，本应抛弃的东西却得到了传承，自己就在不知不觉中陷入痛苦。许多父母对待子女就是陷入了这样的误区，原本触手可及的幸福因而渐渐远去。慢慢地，他们失去对孩子的控制权，被宠坏了的孩子反过来要控制他们了。春去秋来，经过一个很长的过程，巨大的恶果由此产生。一个人如果长期心情抑郁、没有欢乐，他当然不会感受到幸福、快乐和希望。假若这样的心态一旦养成，他看到的生活就是令人沮丧的、使人绝望的，他所能做的只是吹毛求疵、整日伤心落泪、牢骚满腹。长此以往，他也就丧失了同情心。他总是怨天尤人，唉声叹气，用挑剔的眼光看人，总对别人不满意。他以为别人与他一样"独立自主"，因为他已经孤僻成性。各种痛苦和烦恼一直占据着他的心，他既和他人作对，又为难自己。这种人若想获得幸福与快乐，当务之急是调整自己的心态。

自私自利的人总是斤斤计较，这当然也会影响一个人的心情。极度的自私会引导人走向错误的方向，不可避免地要犯错误。纵使自私自利的意识再顽固再执拗，也都可以遏制。每个人都有自由支配自己意志和行动的权利。一个人思考和行动的方式，决定了在这种意识下产生的行动带给人的是荣耀还是耻辱。如果我们的心胸豁达、乐观，就能在漆黑的夜晚望见闪烁的星星。一个人具备了良好的心态，就会思想纯洁、行为正派，自觉而坚决地抵制不健康的想法，与邪恶者断绝一切关系。是坚持错误、执迷不悟，还是恍然大悟，这完全取决于个人的意志。我们

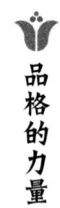

创造了这个美好的世界，同时我们每个人又都属于这世界，但这个世界只属于那些热爱生活、拥有快乐的人。

一日，一位内心忧郁的病人去看一位著名的医生，他把病历放在这位医生面前。医生平静地说："你只要爽朗、开怀地大笑一番便可以了，我建议你去看英国著名丑角格里·马尔迪的表演。""但是，我就是格里·马尔迪呀！"这位病人痛苦地说。不可否认，道德家并不能在每件事上都起作用。

理查德·夏普说过："尽管有些小麻烦不值得一提，却如一根头发就能令一部大型机器停止运动一样，带给人极大的痛苦。对日常生活的小麻烦置之不理，主动寻找生活的乐趣。这就是快乐的秘密。时间久了，好心情自然随之而来。"那些烦躁不安、焦虑不已、总不满足的人总是碰到烦恼，因此这些情绪是幸福的大敌，是心境平和的大敌。这种人不懂得如何控制自己的脾气，为琐碎小事而处心积虑、互不相让，乃至引发暴力冲突。这些人身上长满了刺，没有人敢走近他们。却不知，生活因此失去了意义，担忧和恐怖把幸福和快乐摆布成了傀儡。他们如光脚行走在荆棘之中，诚惶诚恐、忐忑不安，使原本美好的生活也被扼杀了。

站在基督教的立场上，圣·弗朗西斯·德沙列斯精辟地阐述了这一问题，他强调："在基督耶稣面前，我们必须拥有高贵的品质！"有人问圣徒："哪些是你所说的高贵品质指呢？"他回答说："胸怀宽广、谦虚谨慎、耐心细致、仁慈宽厚、心地仁厚、善解人意、平等待人、待人诚挚、宽以待人、心态乐观、严于律己等品德，都是高贵的品质。美德如同不显眼的紫罗兰一样，不仅具有高洁的心灵，更拥有高雅的品德。如果美德是船，那么谦虚便是桨。不具备谦虚美德的人，似花朵失去芳香，这样的花又能博得谁的喜欢呢？"

他继续说："人必有走极端的时候，当自己面对烦恼、痛苦时，要注意换个角度去想一想。待人处事，不仅要想到坏的一面，更要想到好的一面，埋怨别人言论行为过激时，要考虑到自己是否有不对的地方。正如水火不相容，心头的愤怒肯定能被容忍之心、自我反省所消解。化解心头怒火的良药无他，只需一句贴心的话，一张真诚的笑脸。仁厚之心才能培植出丰硕甜美的果实。要想通身爽快、笑口常开，唯有保持心灵的真诚。又有谁拥有十足的把握战胜如此心地坦然，仁慈宽厚的'敌人'呢？"

如果不能克服精神负担，而是将沉重的精神负担压在身上，那么终有被它压倒的一天。因此，当我们面对种种麻烦和痛苦时，除了勇敢正视它，更须妥善加以处理。先前，一个年轻人因为困于琐事，写信求教于伯瑟斯，于是伯瑟斯对症下药，回复了他。伯瑟斯一针见血地指出问题，他的这段话无疑成了精神苦恼的人不可多得的一笔财富。

伯瑟斯说："一位饱经风霜的老人给了你忠诚的建议。那就是满怀希望和信心勇敢前进吧！无论发生什么，都要逆流而上！我们必须顺应这精彩纷呈、变化万千的生活！社会时刻在变，人也应随之改变，成为有识之士。善良的人总是给人反复无常或轻浮的印象，但你应该明白，人的内在本能就是随机应变。如果一个人老是顽固不化，不懂得拐弯抹角，又怎能去除心中的不快呢？

"人类在大地哺育下成长，我们不停地与土地打交道，与时间打交道，如此一来，人怎经得起一成不变呢？因而不会变通者老是折磨自己。人生本应追求高雅的道德情操，这并不是说我们不可以适应变化，而是只能顺乎天理。"

促成人生幸福和成功的前提往往就是耐心。"要想履行自己的职责，必须具备耐心和毅力。"从前，阿尔弗雷德国王正是以耐心和快乐著称的，因而"好运总与他相伴"。正是由于乐观向上、沉稳而平和的优秀品质，所以英国名将马尔伯勒取得了成功。1702年，他写信给时任英国财政大臣的戈多尔芬说："耐心让我能够战胜一切。"面对同盟者的压制与阻碍，他淡淡地说："既然我们已经做出了最大的努力，当下我们应该做的是耐心等待。"

一个人最重要的是满怀希望。世人共有的遗产便是希望，哲人泰勒斯说过："虽然你已经一无所有，但至少还有希望。"有人把希望形容为"穷人的面包"。希望令人充满信心和力量，支撑起人间的伟业。历史上，伟大的亚历山大当上了马其顿王国的国王，父亲的大部分积蓄被他赠给了朋友。当伯尔迪卡问亚历山大还留有什么时，他大声说："我把最珍贵的希望留给了自己。"

"成功的事业需要希望之母的呵护。"与希望相比，不管多么甜美的回忆，最终都是过眼云烟。希望孕育着未来，而记忆只属于过去。希望是不竭的动力源泉。正如拜伦所说："一旦与希望失之交臂，我们的前途就只能是地狱。现在什么都已不再重要，因为众所周知，一旦过去它只能在我们的记忆中浮现，纵然仍填满我们的大脑，但是已经成为过去。希望是永存的，要想到达理想的境地，我们只有冲破层层阻力。希望，只有希望，才是真正的动力，推动着我们奋勇向前。"

第九章

讲究风度

一个人的言行举止,能体现出他的内在品质。也就是说,他的言行举止反映了他内在的性情。一个人的一言一行所反映出来的,正是他的情感、爱好、志向、性格和习惯等。

第一节 言行举止要展现个人魅力

每个人的形象都与自己的言谈举止密切关联。在管理人员时,言行往往起着比内在的、本质的品性更为重要的作用。友善、热情、优雅的言行举止很可能预示着成功的到来,因为它能够让人感到心旷神怡。因此,我们说:事业上的成就离不开亲切友好的言语和举止。相反,人们会因为粗俗的语言和恶劣的行为感到厌恶,这样还能做生意吗?先入为主的第一印象是至关重要的,只有那些谦虚有礼的人,才能给人留下美好的印象。

有人说,外在的仪表和言行根本无关紧要。这是不正确的。因为谈吐和行动的得体与否,常会影响到事业的成败。很明显,舒适愉快的生活需要高雅的行为。同样,事业的顺利和成功也离不开它。大主教米德尔顿说过:"若用不雅的仪容仪表来体现品德的高尚,就很难达到预期的效果。"

同他人交流时,应该注意谈吐要得体,举止要优雅。举止得体、彬彬有礼的人能被所有人接受。而行为粗鲁、态度生硬的人,则会处处碰壁,令人厌烦。

有一句格言广泛流传:"风度塑造了人。"一个人即便心地善良、品行高尚,有时也会显得粗俗,缺乏素养。但如果他们拥有优雅的行为举止,就成为真正的绅士了。在生活中,他们能给他人带来更多的欢乐和幸福,对社会也更加有利。

哈金森就是一个谦让、率真的人。对他的形象,他的夫人作了真实详尽描述。她说:"我亲身体会到他的直率和从容。哪怕是那些地位卑下、饥不择食的人,他也会谦虚、礼貌。他总是平易近人、诚挚朴实,但他却从来不会逢迎达官显贵、有权有势的人。工作之余,他和普通的士兵以及最为贫困的穷人在一块,他从心里尊敬和关爱这些人。"

一个人的言行举止,能体现出他的内在品质。也就是说,他的言行举止反映了他内在的性情。一个人的一言一行所反映出来的,正是他的情感、爱好、志向、性格和习惯等。也许普遍存在的大众化的社会风俗习惯和交往方式,同人内在的气质和情操关系不大,但是,个人独特的处事方法是经过长期的自我教育和修养后形成的,就是这个人自身内在的性格、气度、秉性的总体反映。因此,与个人内在的品性相关的仪表、气质和人际交往的原则、方式是不容忽视的。

一个人的思想情感能激励他的行为举止。崇高的品格是一个人的教养、高贵、愉快的源泉。品格直接影响人们的志趣和喜好,它跟人的才华和成就同等重要。同情心可以算是人性中最美好的一个方面,它能让人变得谦虚谨慎、温文尔雅,并且志向高远。

优雅的行为根源于谦虚有礼和善良友爱的品格。礼貌是交际外在的一种形式,从本质上说,则是人与人之间关爱之心的反映。关爱可能不是必需的,但礼貌却是交往中不可或缺的。优雅的行为和举止是统一的。有一段很富有哲理的话:"优美的体态胜过漂亮的脸蛋,优雅的举止远远胜过婀娜多姿的身材。任何一件著名的雕塑或名画,都无法比优雅的行为更具魅力。"

圣·弗兰西斯·德沙列夫认为,礼貌从一个完美的角度来欣赏，就如清水一般"单纯、洁净、无色无味"。真正的礼貌是发自内心的忠诚，这才能算是真正的礼貌。礼貌、优雅是人性的流露，必须以真诚为前提，它与粗鲁和暴躁无关。但人的举止行为天生会有差异，因为人的本性各不相同。不过人们懂得用自身的力量来掩盖、修饰自己的不足。即便有些人比较偏激，那也是人的本性的反映。若人们的生活完全相同，那就失去了个性和创造性，也就毫无乐趣可言了。

斯贝克上尉说过，马干达民族——那些在非洲腹地内陆湖泊附近生活的民族，也具有谦恭有礼的高贵品质，令人着实惊诧。当地有一句名言："忘恩负义、恩将仇报的人，是不会被上帝饶恕的。"真正的礼貌和谦虚只能出自善良的心灵。他们只希望大家都生活得很幸福，而不愿看到任何人烦恼或痛苦。谦虚和礼貌同样能带给人们轻松和愉快。

在对别人人格的尊重和关心上，真正的谦虚友好往往会得到最充分的体现。一个人如果想得到别人的尊敬，首先要学会尊重他人，关心他人的思想和观念。意见不统一时，要宽容地对待。真正懂得礼貌的人，是不会强求别人与自己的观点和看法保持一致的。他们善于控制自己的情绪，虚心地接受他人正确的建议。人们应该具有宽广的胸怀和自我克制的能力，不要做过于尖锐的批评，因为过激的言辞和尖刻的批判很可能会使自己遭受同样的处境。

缺乏良好修养和道德的人，根本不知道如何尊重他人。

他们只会肆意妄为，他们放纵言行的后果，往往是失去朋友。这种人是十足的傻瓜，他们只是为了满足自己一时的虚荣而得罪朋友。布鲁纳尔的一位工程师心地非常善良，他曾经说过：

"恶毒的言语和行为是人生最昂贵的奢侈品。"约翰逊博士也说过:"先生们,任何人都没有说粗话的权力,更别说是卑劣愚昧的事情了,因为恶毒的语言会比利刃更伤人。"

夸耀自己比别人更优越、更富裕、更明智,这不是聪明、有礼的人所做的事。他们不会因为自己高贵显赫的社会地位就看不起别人。他们也不会自恃优良的职业或大肆鼓吹自己的工作,在他们眼里,自己的工作和生活很普通,不值得在众人面前炫耀。他们一向都是温文尔雅、彬彬有礼,不会装腔作势,更不会矫揉造作。他们优秀的品格是通过自己的言行举止表现出来的。平时,他们总是默默地工作、奉献着,绝不会哗众取宠。这样的人,才能算是真正意义上有礼貌的人,他们无声无息、朴实无华,却是社会的基石。

自私自利者的言行都表现出粗鲁生硬的一面,他们不会去尊重别人,别人也不会喜欢他们。或许这并不意味着他们的天性就恶毒,只是他们从来都不会注意别人的痛苦和忧郁,更别提对他人的同情和关心了。其实,能给他人带去一点安慰和愉快的仅仅是一些细微的言行。一个人是否有自我奉献的精神,在日常生活中能否体贴、关爱他人,在很大程度上取决于他的修养。

在生活中,我们很难忍受那些没有自制力的人,因为这些人常给别人带来莫名的烦恼和痛苦,别人跟他们在一起是不可能真正开心的。自我控制能力很弱的人,常会使自己陷入困境中。因为他们的倔强和粗鲁,成功会而离去,只有苦恼和忧伤伴随左右。一个人若能自我控制,具备耐心和毅力,即便他天赋不高,仍可以取得辉煌的成就。

就像才华一样,一个人的性格也会决定其一生的幸福。毫无疑问，幸福常常会先光顾那些乐观豁达的人，照顾那些谦虚友善的人。正可谓：以小见大，许多看似琐碎平凡的事情，其实正是获得幸福所必备的。

不礼貌、不文明的行为，从根本上说，就是不尊重别人。穿戴不整、蓬头垢面，再加上令人生厌的生活习惯，这种人会让人很不舒服。试想一下，看到一件很久都没穿过的衣服，上面积了厚厚的灰尘，你会有何感受呢？有些人认为这是不拘小节，因而衣衫不整。实际上，这也是不尊重别人的表现。以这样的形象，怎么能给人家留下好印象呢？

戴维·安西隆是胡格诺派的传教士，他做事极其认真、谨慎。他把胡格诺派的教义仔细地整理并研究了一遍。他经常说："人们总是不注意宗教节日里的服饰和装束，这实在是太不应该了。"

只有不是为了迎合别人，而是一种自然的举止，才称得上优雅。它没有刻意的修饰，是天然生成的，坦诚的举止和做作的行为是相互对立的。罗谢弗·吉尔德曾经说过："人们的欲望无法抵挡，它们总会不自觉地流露出来。"一个人内心的坦诚和率直往往体现在温柔体贴、谦虚谨慎的言行上。他们能让人心悦诚服、精神舒畅。就跟内在的品格和气质一样，一个人的言行也能够促进事业上的成功。

坎农·金斯雷说："西尼·史密斯极富爱心，还具有真正的英勇的品格。因此，人们发自内心地敬佩和拥护他。凡是与他接触的人，都很尊重他，因为他自己也做到了这一点。在他眼里，穷人和富人、主人和仆人都没有区别，每个人都是平等的。他对谁都一样的热情，一样的友好。因而，不论身处何地，幸福始终围绕在他的身边。"

在人们的思想中普遍存有一种观点，认为上层社会的人总比下层社会的人高雅，只有王公贵族才会拥有高贵的言行举止。或许，这也不是没有道理，因为上层社会人士从小就生活在比较文明的环境中，受到这种礼仪的熏陶。然而，这并不能代表下层社会就没有举止优雅的人。

凭借自己的双手辛勤耕作的穷人，同上层人士一样拥有高贵的品格，他们相互尊敬、相互关爱，这些都体现在他们的仪表、举止和风貌中。他们的生活最不可忽略的一点便是，他们无限的愉悦就是根源于优雅的举止。无论是在工厂、街道，还是在家里，都没有区别。通过自己的努力，一个有教养、讲礼仪的工人，也能够用自己的善良、亲切感染别人。这就是一种巨大的道德力量。当本杰明·富兰克林还是工人的时候，他就用自己高尚的品格改变了整个车间的工作作风。

很多默默无闻的人，其实拥有高贵的品质，具有绅士的风度。要想成为有道德的人，你就要拥有坚定的志向和远大的抱负。技艺精湛的艺术品可能会价值连城，但礼貌和气质却是无价之宝。它们对每个人来说都异常重要。它们能给人送来欢笑和幸福。

闭关锁国政策只会导致封建落后的情况。自己的民族只有善于吸收其他民族的长处和优点，才能不断取得进步。英国的劳工阶层向欧洲大陆的邻居们主要学习什么呢？毫无疑问，肯定是礼仪和文明。在法国和德国，连社会上最底层的人们也拥有诚挚、优雅、热情的品行。他们彼此碰面时，都会高高地举起帽子，以示自己的尊重和礼貌。这种举动非但没有损坏他们的形象，还会表现出他们高尚的情操。国外那些穷苦的工人，从不会愁眉苦脸、郁郁寡欢，相反，他们总是愉快自由、充满朝气。其实，他们的收入还不及英国工人工资的一半，但烦闷和忧愁无法束缚住他们。他们身上的那种乐观精神确实值得提倡和学习。

真正懂得勤俭节约的人们，通常都会有良好的兴趣和爱好。这种兴趣和爱好并不是建立在金钱基础上的，但它能给人们带来舒适和愉悦，就跟合理的休息可以清除疲劳、让人重新投入劳动中一样，它给劳动者带来无穷的欢乐。如果将勤劳、恪尽职守、兴趣爱好优化组合在一起，就能让人变得高雅。人的志趣体现于生活中的每一个细节。有些人虽然并不富裕，甚至很贫穷，但胸怀高远，能把事情安排得井井有条，给人带来轻松和舒爽。

每个人的理想愿望同他的兴趣、爱好是紧密相关的。优雅的情趣胜过所有华丽的衣服，高尚的情操决定了生活的美好品质。我们在轻松愉快的环境下，如沐春风。高雅的情趣若与善良的心地、高度的理智和友善的行为相结合，它们之间相辅相成，就会使人类的灵魂更加高尚，道德也会更加优秀。

家庭环境在很大程度上影响着一个人的言行举止。在家庭生活中，女性起典范作用，她们的言行举止对孩子会产生直接而深远的影响。所以我们说，在一个人生活中的举止行为会体现其家庭氛围。当然，有些人通过向外界那些优秀人物学习，虽然他们在家庭中没受到很好的熏陶，但照样可以提高自身的素质，养成良好的生活习惯，不过，他们要为此付出更多的时间和精力。

每个人都像一块未经过雕琢的宝石，只有不断与行为高尚的人交往，才能树立自己修身养性的楷模。到时候，就像经过雕琢、修饰的宝石，才能发出耀眼的光芒。但是一开始，有些宝石仍会保留固有的石纹，如果想变成绝世精品，就得精心地磨制、雕琢。同样，人们只有不断地反复学习、改造自己，以优秀的人物为示范，才能提高自身素质，才能拥有高尚的品行和举止。

机智、灵敏是举止得体的一个重要条件。一般说来，这方面女性要强于男性，因为她们擅长人际交往。在生活中，女性具有很强的自我控制能力，总是表现得礼貌、优雅。跟男人相比，女人富有直觉，行动敏捷，而且温柔体贴，这是她们所拥有的一个很明显的优点。这种与生俱有的识别能力和交往能力，使她们能够很好地处理人际关系。因而，与这些机智、敏捷的女性交流时，有风度、聪明的男士能学会许多为人处世的方法和技巧。

一位大作家曾经说过："天才拥有的是智慧，而机敏的人拥有的是技艺；天才知道该干什么，而机敏的人则知道该怎么做；天才会让他人羡慕自己，机敏的人会受到别人的尊重；如果天才是资源，机敏就是财富。"机敏如同人的本能，会让人学会随机应变。机智在摆脱逆境这个方面，要比知识和天赋更为重要。

区别灵敏者与迟钝者并不是难，著名的雕塑家伯纳斯和帕默斯顿勋爵的见面就是一个很好的例子。在最后的时候，伯纳斯首先提问，他说："尊敬的勋爵，你知道法国方面的一些消息吗？我们与路易·拿破仑的关系进展如何？"而那位外交家只是皱了皱眉头，回答说："老实说，我无可奉告。我什么也不知道，连报纸都没看。"事实上，伯纳斯是个博学多才、才华出众的人物，只是他没有足够的应变能力，所以浪费了许多宝贵的机会。

一旦高雅的举止与机智相结合，就会产生无穷的力量。威尔克斯其貌不扬，但他却经常说，在赢得美女的青睐这方面，他和英国最漂亮、最有风度的绅士相比，也不过只是三天时间的差

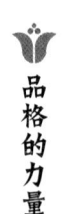

距。当然,这并不是说他的举止有无限的魅力。因为优雅的行为不代表心灵的高贵。对威尔克斯这类人而言,优雅的举止不过是他们为达到某种不良目的所采用的手段罢了。

同无价的艺术品一样,真正高尚的行为能带给人欢乐。但我们也要看到事情隐含的阴暗面。那些优雅的举止和风度或许是伪装的,或许是被人利用了,"道貌岸然的伪君子"不是比比皆是吗?毕竟每个人的言行都只是一种外在的表现形式,它既可能如实地反映人们内在的本质,同样也可能歪曲事实。道德败坏、品行恶劣之徒,很可能谈吐得体、高雅。我们必须明白,这些所谓的"优雅"的举止,不过是令人欣赏的姿态和悦耳的言辞的融合物罢了。

值得一提的是,有些人并没有温文尔雅的外表和高雅的举止,但是他们心胸宽广、为人友善,犹如甜美的果实蕴藏在粗糙的外壳中一样。有些人虽然相貌平平、举止随便,但他们的心灵是仁慈的、友好的,可以称得上是真正的诚挚、忠实。相反,有些举止优雅、风度翩翩的人,灵魂却是异常的残忍、狠毒。

约翰·洛克斯和马丁·路德似乎就缺少这样谦虚有礼的仪表,他们从事的工作只要求他们干脆利索、雷厉风行。有些人认为,那样地苛刻、无情和狂热根本没必要。苏格兰女王玛丽就对洛克斯说过:"谁才是学术界中最放纵的人?你是什么人?"洛克斯回答说:"女王陛下,臣民就是。"据说,这位女王曾多次被他的胆大妄为和粗鲁的话语惹哭。里金特·英顿知道这件事后说:"女人哭泣总比男人落泪要强。"

有一回,当洛克斯准备离开女王时,偶然听到一个侍从对另外一个说:"这就是那个什么也不怕的人。"他马上转过身来,对那两个侍从说:"我观察那些勃然大怒的人,却从来没有恐惧过。我为什么会对绅士们笑容可掬的样子感到恐惧呢?"过度的劳累和工作,导致了这位出色的改革家很快就耗尽精力,长眠于地下。摄政王在他的墓地前叹息道:"他要长眠于此了,他这一生从未畏惧过任何一张脸。"这句话是正确的,也是机智的。这可以算是对这位改革家最好的总结。

有些人认为,路德的性格中有残暴的成分存在。确实,他和洛克斯有着同样的生存背景,社会动荡不安,到处都流行暴力。路德的革命生涯就是与这样的时代紧密相连。他的工作不允许他温文尔雅、彬彬有礼。他必须把笔当成利剑,唤醒沉睡中的欧洲人民,鼓舞他们英勇抗战。

路德虽然没有温和的性格,但他有一颗赤诚、火热的心。他的笔锋犀利、字字如铁。其实在日常生活中,他是很随和、友善的人。他有着丰富的思想和情感,但同别人一样,他的个性单纯、朴实。他常常会沉醉于自己的兴趣爱好。因为有朴实敦厚的性格,他成了一个十分快乐的人。他为人热情、友好,能激励别人,带给他们欢笑。直到今天,德国人还称赞他是一位"平凡的英雄"。

一些人则完全相反,他们对什么事都漠不关心,冷淡无情,只会敷衍了事,自然也不会讨人喜欢。随时随地都打哈哈的人,会让人怀疑他的诚实和直率。理查德·夏普说:"这可真是难办,到底应该是坦诚直率,还是大智若愚?碰到事情该含糊搪塞呢,还是褒贬分明、不留余地?为人处世之道真是让人烦恼。但想通了也就很简单,不管是友好、幽默、天真还是坦率,让它们各显神通便是。"一些人无论事情大小,都与人争得面红耳赤,这肯定会让人讨厌。我们应该清醒地认识到，许多看起来无礼的人，其实本意并非如此，他们这样做，只是因为他们天生就不够机智。

《罗马帝国衰亡史》的作者是英国历史学家吉本，在出版了第二卷和第三卷以后的一天，坎伯兰公爵碰到他，并走上前对他说："吉本先生，您近来可好？听说你近来一直忙于那本书的写作，这事是真的吗？"公爵的本意是想恭维吉本先生，对他表示友好，可他的言辞和表达方面实在是令人不敢恭维。表达自己的好意怎么能是以这样生硬、粗鲁的语言，这怎么可能会取得良好的效果呢？

第二节 切记交往中莫害羞

在生活中，有些人总表现得很沉默、拘谨、不安、粗鲁。事实上，并不是他们自己故意不讲礼貌，只是因为害羞的缘故。害羞就是日耳曼民族所有的一个明显的特征。其实，北欧国家的民族大多都有这个特征，只是程度不一罢了。

当然，英国人平常出游时并不会表现出这种羞涩的性格。但他们的态度或许会比较生硬，行为不够优雅和敏捷，他们总是显得有些不自然。即便在他们勃然大怒时，粗鲁中仍夹杂些羞怯。而且他们同情心也不够强烈和丰富。

一般来说，法国人举止都比较优雅，擅长社交活动，他们很难理解英国人的这种性格。因此，英国人的羞涩和胆小被他们当成笑柄，作为最滑稽、最有趣的漫画素材。"无论英国人走到哪里，他们都如不怕猫的老鼠一样，周围的环境根本不会对他们起到任何作用。"乔治·桑德就认为，阿尔比恩（即英格兰）民族因为他们拥有不列颠的气质，因而他们不管处于何地，都会十分茫然，缺乏生机，呆板僵硬。

从整体看来，在为人处世方面，法国人和爱尔兰人要比英国人、德国人和美国人强得多。法国人非常讲究待人接物时的礼仪，这在他们身上慢慢地就形成了一种习俗。虽然法国人的社交能力很强，但缺少自主性，而日耳曼民族则恰恰相反。法国人的健谈和豪爽，使他们不甘于寂寞。他们喜欢社交活动，善于辞令，在日常生活中能同别人友好、随和地交往。

德国人不善言辞，往往显得有些呆板、僵硬、羞涩和笨拙。当然，他们之中也不乏有人表现得开朗、活泼、愉快，只是这些并不能表示他们就真正拥有了优秀的品行。在他们善良、优雅的外壳里，很可能就隐藏着一颗唯利是图、冷漠无情的心。举止优雅的人，实际上也许是十分卑微浅陋的。用徒有其表来形容这类人是再合适不过的了。

坦诚、优雅与生硬、迟钝，哪一种人更受欢迎呢？答案是十分明确的，无论在社交场合、日常生活或是匆匆邂逅中，人们都愿同前者来往。但哪一种人更能成为好朋友，更自觉地履行自己的义务呢？这就得另当别论了。

不过，法国人把英国人称为笨拙的"盎格鲁"人，认为英国人天性冷漠、迟钝，刚开始时可能确实不好相处。因为他们的害羞让人很难接近。他们习惯于沉默无语。一切都只是因为他们过于羞怯罢了，他们生硬的态度却不意味着傲慢无礼。尽管一直以来，英国人都试图努力克服这种心理，但做起来并不容易。所

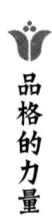

以，我们不应该看到文人们描绘笨拙滑稽的英国人，就因此大惊小怪，否则英国人会感觉自己宛如小丑，羞于见人。

如果内向、腼腆的两个人恰巧碰在一起，就好比两根冰柱，没有任何热情和温度，只有寒气沁人心骨。去餐厅吃饭时，他们仍会首选无人共享的座位，但是，餐厅的每个角落里都会挤满人。这种行为就带有鲜明的民族色彩。同样的，在旅行的途中，他们会各自转身，走向不同的客车，即便是共处一室，他们也仍会背对着背，从不搭理对方。英国人因为害羞习惯，总是寻找单独的空间，一切安顿下来后，他们就不希望有人来打扰，那样会影响他们愉快的心情。

荷尔普斯先生经过细心的观察后写道："在朝觐国王时，那些信仰仁慈的教徒会显得局促不安。他们的举措甚至会让人感觉神经兮兮的。"这些英国人即便是在日常生活中，仍显得过于谦逊、拘谨。在《政治家》这本书中，亨利·泰利也描写了同样的感受。既要让部长们在会面时"离门近些"，又不能让采访者出去，这就要求将"度"控制得很好。如果要向来访者表示慰问，就得在见面之后，让他们在邻近的房间调整一下情绪。他说："那些胆怯的人，坐在那儿一动不动、一言不发。想起退出去时还得经过漫长森严的走廊，他的心就会'扑通扑通'地跳个不停，两脚发抖，汗也不敢出了。"

阿尔伯特一世国王也体现出孤僻的一面，虽然大家都知道他是一个性格温柔平和、态度慈祥的国王。他曾经试图用自己的努力抑制这种腼腆和胆怯，但都没有成功，他无法控制和战胜它们。为此，他的传记作家解释说："一个人由于过分害羞造成的怯弱，是需要足够的信心和勇气才能克服的。当然，这种怯弱或许也会让人们更具温和的特征。"

很多驰名国内外的科学家也同这位伟大的国王一样，天生就有这种缺陷。牛顿可以算是他那个时代最害羞、胆怯的人了。他的许多发现之所以在很长一段时间内无人知晓，就是因为他自己不想将之公之于世。比如二项式原理，这是一个应用十分广泛的发现，也是多年以后才公布的。万有引力定律也一样。牛顿告诉科林斯关于解决月球绕地球旋转的理论问题后，却不允许科林斯在《哲学会刊》上公开自己的名字。他说："我知道这样能让更多的人知道我，但我并不希望如此。"

众所周知，莎士比亚是一个谦逊、腼腆的人。全世界人民都认可和喜爱他的表演风格，但他却从来没有亲自编辑、修订或校对过剧本。在自创的剧本里，他常常扮演的是二、三流的角色。因为他不会刻意地去追求名利，对荣誉也一样淡泊。国外流行的一些莎士比亚的剧本上不同的日期，全是他人伪造的。当他察觉到自己的创作激情日益削减，就悄无声息地主动退出了英国戏剧表演中心——伦敦，那时他不过才40岁左右。之后，他就一直隐居在中部地区的一个小镇上。由此可知，莎士比亚也是一个相当谦虚和害羞的人。

在这一点上，他跟拜伦有些相似。拜伦是因为腿瘸才更加腼腆，而他则是因为自己天生不够聪颖。在莎士比亚的创作生涯中，充分发挥了自己各方面的才能和优点，包括情感和道德方面等。然而，他的作品中，几乎找不到有希望的文字，即使偶尔出现，语调也仍是消沉、沮丧的。举个例子："没有什么药可以真正地治好痛苦，一定说有，那也只能算是个愿望吧！"莎士比亚的诗词，大多带有忧伤、郁闷、压抑的基调，比如十四行诗中

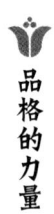

的第二十四首："我为自己的命运感到耻辱，我孤苦伶仃、形影相吊，上帝！你为何要让我承受如此多的苦难？上帝沉默，万籁俱寂。我顾影自怜，心灰意冷，我不断向上帝祈祷：赐给我一些希望吧！让我跟普通人一样，拥有朋友。别人优雅的举止、精深的知识，让我如痴如醉。只要我的心中存有希望，一切都可以蔑视，真正的幸福才值得追求。"

作为一名演员，莎士比亚要经常在大众前抛头露面，人们认为这样对他克服害羞的心理应该是有帮助的。在一定程度上，这种观点是正确的。因为在一起的时间长了，肯定会轻松、自然一些。但是，天生的羞涩和腼腆往往会比较强烈，并不是那么容易战胜的。

英国著名戏剧表演家加里克·因巴拉迪，在观众面前扮演最沉稳、最冷静的角色长达30多年。据记载，有一回他被传到法庭做证人时，竟然紧张到思维混乱、神志不清，最终，法院只得取消了他的证人资格。

查尔斯·马修先生每天都要在大型晚会上表演，让人不可思议的是他竟然也非常害羞。每当他在街上散步，听到有人呼唤他的名字时，查尔斯就会立刻缩回目光，低着头，显得异常不安。为了躲避熟人，他宁可拖着自己有些跛的双脚，在伦敦的小巷里绕圈子。一旦别人把他认了出来，他就显得方寸大乱。他的妻子也说他过于腼腆。

很多人大概不会想到拜伦勋爵也会是一个羞怯腼腆的人，但事实就是如此。据他的传记作家记载，一次，拜伦到南威尔，顺便去拜访比戈特夫人。有个陌生人向他走过来，他毫不犹豫地从窗子跳下去，为躲避那人藏进了草垛房。

更为突出的一个例子是最近就任大主教的华特雷。年轻时，他就有种压抑感，因为自己很羞怯。华特雷在牛津的时候，很多人都戏称他是"白熊"，因为他总是穿着一件洗得发白的粗糙衬衣，戴着一顶白帽。而他自己呢，也承认自己在某些方面的举措很符合这个名字。于是，有人提醒他说，有一个很有效的方法，可以克服他不雅的行为，那就是在平时注意模仿具有高贵品质的人。但他这样做之后，发现自己反而更加害羞了。在这种情况下，他就只会想到自己，顾不上别人。我们都知道，礼貌的真正内涵恰好相反，它要求人们更多的时候是为别人着想。

华特雷发觉自己的努力没有丝毫的成果后，丧失了全部信心。他不由自主地说："为什么我生来就要受这么多苦难呢？如果让我看到一点小小的希望，我肯定会继续下去。可是已经毫无希望了，我也不可能再坚持那样的努力，不如就悄悄地离去吧。我已经十分努力，但依然表现得像一只熊一样。其实，我也曾试图不去想有关熊的事情，也曾下定决心面对这无法医治的毛病。"

从那以后，华特雷总是尽量不让自己去思考关于行为举止方面的各种训导，他也努力忽略人们对他的评价和看法。他说："令人感到意外的是，这样做之后，我竟然成功了。不久以后，我就摆脱了多年困扰我的腼腆和羞涩，也摆脱了传统礼教的约束，能够独立、真正的思考和行动。事实上，举止随便往往是在无意识中跟生活中的条条框框作抗争。有太多的规则来束缚我，因此，我要反对我自己。可能别人会说出很多脾气粗暴、反应迟钝之类的话，事实并非如此。我从不渴望自己能做到性情温和、举止优雅。在我眼里，这些无非是迂腐的表现。不过，人的潜意

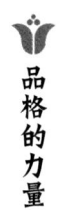

识中带有善意,这点我已经深有体会,这也是最重要的一点。"

华盛顿按血统来讲应该是个英国人,他的身上自然也存在害羞和腼腆的特性。在不经间,乔西亚·昆西先生曾经记录了以下的一段话:"跟陌生人会面时,他总是显得有些拘束,就如同乡村的绅士一般。华盛顿并不是特别擅长交际。他是个举止不很自然的人,他的某些行为甚至和传统习俗相抵触。虽然他总是表现得彬彬有礼,但缺乏温和的言辞,行为举止方面,并不算是十分高雅。"

沙尼尔·霍桑是个非常腼腆、怯弱的人,甚至可以说有点变态。如果仔细观察,你就会发现,当有陌生人走入霍桑的房间时,他就会转过身去,以免认出那人。霍桑为了不被人认出,甚至要求穿颜色暗淡的衣服,式样也要简单。他为自己这种愚蠢的行为感到十分遗憾和后悔。他说:"上帝会原谅人们犯下的罪行,但不管是在天堂或地狱,愚昧无知的人是不能得到任何人的谅解的。"不过,当他的腼腆过去以后,他也变得十分热情、大方。

矛盾律告诉我们,羞涩确实会带来许多不利的影响,但从另外一个角度说来,腼腆和羞怯也并非一无是处。因为比较害羞,他们虽然不擅长社交活动,举止也不够优雅,总是将自己的感情藏在心里,但是,他们会积极地参与活动。遇到生人时,羞怯腼腆的人局促不安、心神不定是可以理解的,因为社会交际能够让任何人都学会并且拥有优雅的举止。若用沉默代替言语,别人就不能知道他内心的思想和感情,这不仅不利于人际交往,而且影响身体的健康。

早先的英国人非常不善于交际,因而喜爱社交活动、性格开朗的人们把他们称为"哑巴"。在当代，与法国人的机智敏捷、坦率豪爽、热情大方相比，与爱尔兰人相比，英国的臣民最适合这种称号了。

英国人对家有种强烈的爱，主要起源于英格兰民族，其他一些种族也都具备这种特性。英国人在成家之后，对社会的关心就会大打折扣。为了追求自己的家，他们可以远涉重洋，勇敢地向茫茫的大草原和原始森林进军。只要能拥有家，他们不介意去偏僻的荒野之地。对他们来说，妻子儿女和舒适的家就意味着一切，除此之外他们不求任何东西。因而，日耳曼氏族的人们，当然也包括那些起源于日耳曼民族血统的英国人和美国人，他们尽情地享受殖民的快乐。直到今天，作为统治者或被统治者，他们仍在地球上不断地开发和拓展。

作为殖民者的法国，却一直没有什么进步。原因可能就是他们的社交能力过于强盛，他们时刻不忘自己是法国人。曾经有一段时期，他们的能力似乎可以征服北美大陆的大部分地区。这些独立自主、勤奋勇敢的法国人，沿着海岸不断向西扩展他们的殖民地，日益强大。但逐渐地，法国在北美的殖民地所剩无几了，余下的只有阿卡迪亚这么一小块地方。

英国人、德国人、美国人和法国人就截然不同了。那些居住在美国边远荒凉的小山区的人民，已经习惯了偏僻、安静的生活，并从心底里喜欢这种生活。美国西部各州一旦有殖民者到来，整个村子就会沸腾起来，显得很拥挤。因而，在殖民者到来之前，他们就会收拾好自己的东西，驾着车子，同妻子儿女们一起高兴地向西进发，去那遥远的地方开辟属于自己的真正的家园。

不好交际的英国人因为这样的特性,还衍生出许多其他的优秀品质。由于天生的腼腆害羞,他们养成了自力更生、独立自主的性格,凡事都依靠自己去争取。他们有足够的时间去读书、研究和创造。他们会潜心于工作,成为一名出色的机械工。同样,他们也不会去害怕大海和大洋深处的孤寂,相反,他们能与之结为好朋友,成为本领卓越的渔夫、水手或新大陆的发现者。因此,在早期北方人探北海以后,英国人发现了美洲,在欧洲的各个港湾,直至地中海及世界各地都曾经停泊过他们的军舰。日耳曼民族的航海技术一直是领先于世界水平的。

在社会生活中,英国人不善于伪装和做作,会让人有种缺乏艺术修养的感觉。日耳曼民族有许多著名的航海家、机械工和统治者,而出色的舞蹈家、演员、服装设计师、演唱家和各式各样的艺人却很少。英国人举止行为往往有些臃肿、笨重,谈吐言语也缺少幽默感。他们不讲究穿戴,往往比较朴实。他们常常想怎么做就怎么做,不会拐弯抹角、矫揉造作,也不大注意举止的优雅和风度。

其实,优雅的举止和待人接物的礼貌,以及有助于提高人类生活质量的艺术,都应该着手去培养。但是这不能以牺牲诚信忠实和真挚为代价,毕竟人拥有的真正的美是他的心灵,而不是表面的东西。假如不能为生活添色,不能让习俗变得高尚些,这样的美就毫无意义。如果不与现实相联系,心头或礼节性的礼貌又怎能算是真正的文明呢?那些看起来十分优雅、得体的行为,很可能只是表面功夫,并无实际意义,无非是几个标准、规范的动作罢了。

艺术本身并不是一种有害的享受,在某种程度上说,它还可以提升人们的素质。一旦失去了这个功能，或许会使人精力衰竭，甚至道德败坏，而不是使人变得强壮，更别说精神上的升华了。艺术很可能沦为纯感官的娱乐。真正的勇气和魅力胜过任何外在的优雅。高尚的心灵强于外在的风度。崇高的心灵和精神，让人的言行也变得坦率真诚，这些要超过所有精深的艺术和高雅的行为。当然，艺术教育是不容忽视的，但我们得明白，有些东西比艺术、财富、名誉更有价值、更宝贵，更值得我们追求。这就是优秀伟大的人格。如果一个人没有真正的美德，无论他的行为有多优雅，动作有多标准，艺术境界有多么高，他的灵魂依然丑陋，他永远不可能让精神得到升华。

第十章

爱情不可或缺

　　一个良好的社会，应要求男性和女性都以崇高的品格为行为准则。玷污他人名声的行为该受到鄙视。要想这个社会整体的道德水平显著提高，就需要在文化和道德修养方面，女性和男性能保持和谐，一个高尚的女性要求同样高尚的男性来陪伴。男性和女性应采用相同的道德准则，不能因为性别的差异搞双重标准。

第一节 爱情和婚姻不可缺少

在一定程度上说，男人和女人是伴侣关系，地位是平等的，然而从能力这个角度来讲，很快就发现，实际上二者并不完全相同。男人拥有强壮、刚毅的品质，但易于冲动和粗暴，女性则温柔、端庄、耐心，但敏感脆弱，容易改变。男人大多有聪明的头脑，可以管理整个世界，而女人善于造就高贵的品格，对于人类文明，其存在不容忽视。让女人们去做男人的事，就像让大脑代替心脏一样，是滑稽可笑的。不可否定的是，社会上真的存有女性化的男人和男性化的女人，然而，这不过是汪洋中的一朵小小的浪花，起不了多大的作用。

理性思维是男性的特长，女人主要是凭感觉。所以男性被比喻为头脑，女性被比喻为心脏。但是如果男人没有高尚的情操、品行恶劣，也不会为人认可，他们必须加强道德方面的修养；同样如果要立足于文明的社会，女性愚昧无知也不被允许。现代高速发展的文明社会，需要的是德才兼备的人。没有温情的男人，只能被当作冷酷无情的大脑发达的动物。假如没有足够的知识，再漂亮、再温柔的女人，也不过是一件华丽的衣裳。

曾经有这样一种观念，认为讨人喜欢的女性应该娇小、软弱、顺从，而刚强、博学的女性让人恐惧。英国的散文家兼评论家斯梯尔说："智慧和勇气让一个男人显得高贵，拥有大丈夫的风度。而温柔善良、忍耐顺从会使女人举止得体、贤淑可爱。总之,男女有别,温顺是女人的美德,那种天生的自卑感及忍耐会让女人变得可爱。"

在《道德散记》中,蒲柏说:"绝大多数女性都不具备独立的人格,犹如姿态万千的郁金香,因娇羞和软弱而显得高贵,使人生出怜爱之情。"在这首诗中,蒲柏还对玛丽·沃特雷夫人进行一番冷嘲热讽。因为他的一片痴情,多次被这位魅力四射的夫人拒绝。因此,蒲柏能否对女性做出公正的判断,值得怀疑,并且,对于男性同胞,他也欠缺合理、明智的判断。

其实,直到现在,一些地区还用这样的观念作为评判女人的标准。他们认为:女性不应该充满勇气和精力,应该柔弱;女性应该循规蹈矩,无条件地服从社会条例和风俗;女性应该娇媚可人,而不是自立和自强;女性应该无条件顺从于男性;她们还要学会打扮,让自己显得贤惠高贵;女性要小鸟依人,讨人喜欢。女性已经被这些礼仪习俗压得透不过气来。就像一句印度谚语描述的一样:她是那么的乖巧、善良、温顺、优秀,然而却什么也没有。

有些人在强调女子的顺从和乖巧时,甚至还宣扬狭隘自私的大男子主义。他们要求女孩软弱温顺,却要男孩独立自强;他们教育女孩随遇而安,却鼓励男孩四处闯荡……这样的做法导致一个明显的后果就是:男性的胆识魄力和思想智慧都得到了充分地发展,但缺乏足够的爱心和善良的美德;相反,女性谨慎、谦虚、善良,然而在智能方面却十分薄弱。

通过与他人的交往,女性高尚的品格会表现出来,这点不容置疑。她们是上帝派来守护人类的使者。她给予爱人细心呵护,帮助弱小的人们。女性似乎天生就具备管理家庭的杰出才能。她

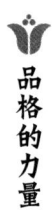

们营造出家庭舒适、安宁的氛围，并在这种条件下生儿育女，将他们抚养大。她们是家庭的灵魂。女性富于同情心，善于自我奉献，柔情似水。

女性的心中充满期待和梦想。她们明亮的双眼常常流露出仁慈和幸福的光芒。这种光芒能融化寒冷，缓解痛苦，将悲伤转化为欢快和力量。"她的目光澄澈明亮，当痛苦笼罩着你的时候，她温柔的话语会滋润你的心田，谁都无法抗拒那份清澈的温柔。"

像天使一样，女性能带给人们希望。她们对于不幸的人总是充满了同情和怜爱，并用自己的双手抚慰他们，努力使那些颓废的人重新振作起来。无论何时何地，痛苦的人们无奈的叹息声，都能激发女性的同情，她义不容辞地来到他们身边，安慰他们。而女性本身的特征与这同情心紧密联系。一旦人们具备自我控制、自我独立和自我发展的能力，就能具有独特的个性和充沛的能量。这直接关系到女性的幸福。封闭女性的心灵是非常愚蠢的行为，实际上，同情和独立并不矛盾。有一种看法是荒谬可笑的，那就是认为女性的自强会削弱她们同情心的观点。但前提是她们的自立必须符合优良的道德。

不管男性还是女性，对于其幸福来说，他们自身的道德水平都有着十分重要的意义。如果女性能奠定良好的知识基础，加上优秀的道德和智慧，她们会更幸福，整个人类社会也将更和平。那么她们也就更能享受自己的幸福了。

人类彼此间的信任和社会的支持是幸福的前提和基础。

一个良好的社会，应要求男性和女性都以崇高的品格为行为准则。玷污他人名声的行为该受到鄙视。要想这个社会整体的道德水平显著提高，就需要在文化和道德修养方面，女性和男性能保持和谐，一个高尚的女性要求同样高尚的男性来陪伴。男性和女性应采用相同的道德准则，不能因为性别的差异搞双重标准。如果男性蔑视道德规范，不受惩罚随心所欲，就会引起女性的不满和愤怒，整个社会的文明也就会坍塌了。犹如中毒一般，人一旦沾染了不良的习惯，无法自拔，不仅使心灵遭受痛苦和污染，还会影响人一生的幸福。

这里我想谈论一个易被忽略而又客观存在的问题，爱情。虽然教育家对它不屑一顾，在孩子面前，家长们更是绝口不提，但我相信大家会对它感兴趣。谈论爱情通常被当作粗鲁的行为。所以，好奇的孩子们只能到书本上寻求答案，但他们很难从中得到正确的结论。这种感情对女性有着更为强烈的吸引力，或许还会影响她们的一生。然而对男性来说，爱情不过是漫长生命的一段经历。由于缺乏正确的指导，女性通常常让感情自然发展。

恋爱期间，男女之间生理的要求会战胜世俗礼仪的约束。但是，区别真正的爱情和虚伪的爱情，对青年非常重要。首先必须培养他们遵守规范、尊重道德的习惯。没有高尚的品德作为基础，任何爱情都会演变为愚蠢而又痛苦的悲剧。即便不能教会孩子如何理智地相爱，做父母的也要提醒他们，对那些盗用爱情的名义进行感情欺骗的无耻之徒要保持警惕。

很久以前，有人说："在很多时候爱情是盲目的。纯洁、无私、高尚的爱情不仅能开花结果，同时也是优秀品格的表现形式。恋爱中的男女，会注意自己的言语举止，并对自身的道德提出更高的要求。自私被无私所取代。"爱情像一支美妙的歌曲，永远陪伴在人们左右。人类因为纯洁的爱情，会充满生

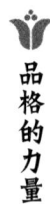

机和活力。

年轻人会因为爱情而神采飞扬、生机勃勃。因为爱情,所有的东西都会变得光彩四射,人们不断憧憬美好的未来。爱情犹如跳动的、自由火把,给人以力量,让他们挣脱锁链和束缚,把自己从奴役和压抑的状态中拯救出来。爱情是尊重和倾慕共同结出的果实。因此,人的心灵因为爱情而变得纯洁、崇高。

高尚的爱情,它如同具有傲骨和清香的白雪和寒梅一样。它不能容忍自私自利,斤斤计较。受爱情的鼓舞,人们会发生许多改变,变得谦虚善良、温柔体贴、勇敢果断。伟大的爱情还会激励引导人们追求更高的理想和知识,它与美德及知识是和谐一致、相互促进的。

高贵的品质让爱情更加伟大。诗人勃朗宁说:"所有的爱情都能产生智慧。"诚实的恋人也会变得很有才华。真正的爱情让快乐升华,使它变得庄严神圣。经过崇高的人格的熏陶,良知会取代人们身上潜藏着的卑鄙、恶劣,让人胸怀大志、目光长远。

谈及伊丽莎白和哈斯廷斯时,斯梯尔说过一句话,可以称得上是对女性最高的赞美:"人们之所以能够获得正大光明的爱,是因为爱。从这个方面来说,人类最高意义上的教育者是女性。但她的心中一定要充满爱,否则,就不能投入到教育事业中。"

毫无疑问,人们若不对世界有慈悲的胸怀,他们就不可能拥有完美的生活。不懂得爱的男人,不是真正的男人;相同的,不会爱的女人更是不称职。男人和女人无法独立分离,男人是女人的另一半,女人也是男人的另一半,纯粹的男人或女人都是不完整的。柏拉图认为,人们常常会在恋人的身上发现与自己相似的东西,两个被分离的人,因为爱,重新结合在一起。

男女双方需要心灵相融，而且这一点要建立在彼此尊重、关爱的基础之上，这是真正的婚姻。费希特曾经说："要产生伟大持久的爱，需要婚姻建立在相互尊重、信赖的基础上。如果没有的话，那这种行为就会与人类崇高的精神背道而驰，男女双方会因此感到痛苦。"

然而，相互尊敬这种感情并不是男女间的爱情和婚姻的唯一情绪，它必须具备深刻、美妙的情感。这与男女间单纯的感情交往有区别。美国小说家霍桑说："男人之间的感情和慈爱之情有着天壤之别。他们彼此间很少会紧紧地握住对方的手，更不要说相互拥抱了。所以说，兄弟般的朋友很难给男人以亲密无私的帮助和精神上的慰藉。只有在女性，包括他们的母亲、姐妹、妻子、女儿那里，他们才能得到最真挚的感情。"

跨入爱情的殿堂，人们就等于踏进了洋溢着爱心和快乐的新世界。与童年时期的生活完全不同，这里每一天都充满幸福、快乐和欢笑。当然，人类也经历了各种考验和磨炼，不断长大成熟，学会遵守规则、与人交往等。

法国文学评论家圣伯夫说过："家庭生活总是伴随着各式各样的烦恼和困难，但更多的时候则是丰富多彩、硕果累累的。在日常生活中，忧虑和欢快很难被独立分开。体验这些忧虑和欢乐时，我们也经历了绚丽的生活，其他任何感情都不能超越夫妻生活。"

如果一个家庭许久都没有增添新成员，那么就会失去很多本该拥有的希望和欢笑。其实，这个家的损失不仅是欢乐的笑声，而且还会产生愚蠢的言行，甚至有伤风败俗的行为。

苦心经营的人，会逐渐变得心胸狭隘、冷酷无情和麻木不仁。因为他无时无刻不在精心打算，考虑自己利益，防范他人。久而久之，他便会处于一种定型的思维模式，很难真正地信赖他人。善良和宽厚离他远去，这将导致卑劣的行为。治疗这种弊病最有效的方法，就是回归快乐和温馨的家庭。在妻子温情地呵护和孩子的天真无邪中，把自己解脱出来，获得从未有过的幸福和快乐，使自己精神焕发，所以"家是心灵的港湾"。只有在家里，我们才可能感到全身心地放松与精神完全的自由。社会上任何欢乐都不如家里一缕灯光让人感到真切、温暖。

荷尔普斯先生曾在一篇散文中精辟地指出："看到有些人一天天富裕起来，有些人一天天往上爬，有些人在专业领域内名声日隆，或许你会认为他们是上帝的宠儿，因为他们成功了。但是，假如没有温馨、愉快的家庭，他们的生活将十分糟糕。他们的内心冷酷无情，满口都是虚伪的说辞。真正的失败者就是这样所谓的'成功者'。不管他们有多好的运气或命运，都依然缺少了一样东西，那就是心灵的港湾。他们善良正直的品格无家可归，所以他们实际上并不能算幸运者。像船一样，人要不断地在追求，就要接受风浪的考验。但最终心灵要回归家庭，哪怕它很平凡，也是善良、正直的归宿，是爱的核心。"

只有家庭生活能够真实反映出一个人的性格品行，只有家庭生活能展现一个人承受考验的能力。有很多人对公共事务和商业事务应付自如，但在社会生活中，却常受到压制，最后屈从于外界的压力。家庭生活则不存在这种压力，而他却终日因琐碎的事物而烦恼，愈来愈被动。因为他所有的心思和精力都集中在事业上了。

只有把心思投入到生活中，他们才能体会到真正的快乐。

在家里，对于自己的真实品格，可以不加掩饰。他们可以尽情地显露自身的善良、真诚、率直……这一切就犹如一股清泉，向前淙淙地流去。缺少关爱的家庭，会让人感觉冷如寒冰，没有温暖。相同的，真正的爱情不可能缺乏信任，只有真挚的信赖才会相互尊重。我们体会到的无穷的快乐和喜悦，离不开充满温情的家庭。

伊拉斯谟赞扬托马斯·莫尔的家充满温馨和幸福，洋溢着基督教的精神。他说："在这个家庭中，每个成员都勤奋上进，没有争吵，没有诋毁。充满祥和、宁静的气氛。"莫尔为人谦虚、温顺，对人诚恳、热情，家里每个人都受到了这些优秀的品德的影响，他们每个人都能够严格地要求自己，心平气和地对待任何问题，所以整个家庭都笼罩着善良、谦顺、礼让的气氛。

莫尔认为，如果要想增进相互间的理解，应该经常与家人交流、沟通。那些看起来微不足道的谈话，会把彼此间的感情联系得更紧密。莫尔还说，和与家人谈天说地相比，没有什么社交活动能更有价值、更有意义。

每个人的心中都藏着善良、温柔之情，一旦被家庭生活激起，他的仁爱就会由家庭延伸到整个社会，乃至全世界。爱默生曾说："爱就好比星星之火。起初，它点燃了家庭成员的热情的心，把这种爱传给另外一个人，范围不断扩大，最后，星星之火就成有了燎原之势。沉浸在爱河中，男女双方的心里跳动着关爱之火，就是这些爱组成了爱的海洋。爱的光芒环绕着整个世界。每个人都听到了爱的呼唤，内心无比激动。"

世界上再也没有比家更让人心中充满热爱。家，是女人的天地，女性的温柔、善良、仁爱是家的灵魂。再也没有有什么东西能比她们的柔情细语更能抚慰人的心灵，使希望之火燃起了。如果一个男子拥有一个宽容、温柔、体贴、高尚的妻子，他所有的烦恼和忧愁都会烟消云散。轻松、舒适、幸福和真正的爱会时时刻刻地包围着他。那样的妻子，最值得丈夫信赖。

男人冥思苦想始终不得要领时，往往他的妻子却能凭女性的直觉，一语道破天机，让他恍然大悟。丈夫的精神支柱就是一位忠诚、率直的妻子。她会让处于惊涛骇浪中的丈夫感到信赖，成为他最好的同行者和安慰者。遭遇挫折和磨难时，妻子柔和、理解的目光，会给丈夫带来巨大的力量。哪怕天有不测之风云，妻子的心同样能温暖、抚慰自己的丈夫，让他满怀希望。

人生犹如茫茫大海上的一只小帆船，会经历狂风暴雨惊涛骇浪，真诚善良的妻子会尽其所能安慰丈夫，保护他不让他掉进海里。年轻时，她楚楚动人，愿与你长相厮守；中年时，她是你的人生伴侣，和你同舟共济；暮年时，她陪你走完人生最后一程。

每次谈起自己的家庭，伯克都会兴奋不已。他说："只要回到自己的家里，所有的烦闷和忧虑就都被抛到九霄云外了。"心地善良的路德，常这么说他的妻子："我宁可与自己的妻子贫穷地过日子，不愿放弃妻子去换取恺撒的富贵荣华。"谈到婚姻时他说："拥有一个善良体贴的妻子是上帝赐给我最大的幸福。跟这样的妻子一起生活，才能享受人间最美好的幸福，才能体会真正的平和与宁静。夫妻之间可以真诚相待，无话不谈，你不仅愿意向她倾诉一切，甚至连自己的生命都可以托付给她。"

一个人若拥有一个心灵相通的伴侣，婚姻就会美满幸福，家就能真正地成为心灵的港湾。当然，这并不是说妻子的谈吐举止、脾气爱好必须与丈夫完全一致。没有一个丈夫会希望自己的妻子像个男人，同样，任何女人都不希望自己的丈夫娇里娇气、犹豫不决。女性最可贵、最令人欣赏的是她的柔情，而并非智慧。她们之所以吸引人，绝不是因为高深的知识，而是宽广的胸怀。她的体贴让丈夫忘却疲劳、烦恼和忧愁。美国医生和幽默大师霍姆斯曾经说过："心地善良的女性比聪明睿智的女性更受欢迎。"

女人像流水一般自然向前，若人为地加以限制，只会事与愿违。男性永远无法理解女性心中特有的善良宽厚、沉着稳重和敏感细腻。但正是这些变幻莫测的感情，使女人显得更加可爱。当男人厌倦了生活和工作时，他们就会对女人的生活习性、兴趣爱好、言行举止等产生浓厚的兴趣。

霍尔普斯先生曾经说过："假如有人问我上帝做得最完美的一件事是什么，我会毫不犹豫地说，是他在制造男人的时候，也制造了男人的另一半：女人。在容貌、爱好和性格方面，男女各不相同，所以能相互吸引。而且，这种吸引力神奇美妙、魅力无穷，人们会因为它流连忘返。"虽然女性不是因为才智而动人，但女性学识的培养却是不容忽略的。

男女双方在志趣方面不尽相同，但两个人的情操和品格应该保持一致，他们应该有慈爱、宽容的胸怀，也要有善良的心地、高尚的品德。两个痴心相爱的人心心相印，他们一起努力，一起奋斗，共同面对纷繁复杂的世界，追求自由、幸福的生活。

爱情和婚姻是永恒不变的话题，关于这个话题，泰勒发表了意见："婚姻生活对任何一个政治家都是至关重要的。贤淑、温顺的好妻子会使家里充满欢笑，让自己的丈夫获得真正的放松，成为他心灵的归宿。衡量一个妻子是否真正尽到职责的最重要的

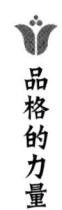

标准，就是她的家庭是否舒适、安宁，她的丈夫能否在家感到全身心的放松和舒畅。"因而，女人要掌握管理家庭的技能，学会细心地照料孩子和丈夫，使他们远离烦恼，不受琐事烦扰，让家里的一切都井井有条。

作为一个精明贤良的妻子，要精打细算，不能随意花钱，让丈夫陷入经济危机。她会努力让自己的丈夫感到快乐，使他的心灵获得真正的快乐。这才是真正的爱。世界充满了烦恼、忧愁和困扰，而家却始终是安宁祥和的避风港。任何男人都不会依恋没有爱的家庭，因为在这里，他不但不能获得放松和安慰，而且还会感到更加烦闷，精神上倍加痛苦。缺失女人的温柔和多情的家，不能算是真正意义上的家。从一个妻子身上，我们可以看见她的家庭。一个合适的工作让男人的事业成功了一半；拥有一个优秀的妻子，他才可以享受到生活中所有的快乐。

所以，对男人的生活和幸福起着关键性作用的是他的妻子。最佳的人生伴侣并不一定要有漂亮的外表，而是要有丰富的同情心、敏锐的思维能力。女性与生俱来的温柔远比如火如荼的激情更加宝贵。从长远来看，拥有性格温和的妻子是男人一生最珍贵的财富。身体虚弱的男人是难于招架那些激情过火的女性的。相同地，聪慧过人的女人也让人感到压抑。

女人的爱，不可过于平淡，也不可过于强烈。爱情应该对事业有积极的意义，它应该带来青春和活力。否则，很快就枯竭殆尽了。善良、宽容、正直让爱永不衰老。快乐是快乐的源泉，悲伤是悲伤的基础。发自内心的微笑和真正的爱，消除旅行者的疲惫，抚平人们烦乱的心情。使他不再饥肠辘辘，不再口干舌燥。远行的人啊，在清静悠闲的林荫道上，你停下来歇会吧！这里百花盛开，走在花丛中，你可以忘却困惑和束缚。短暂的停留之后，你就可以轻装上阵了，愉快地完成你神圣的使命。

很多人对婚姻的期望值过高，因而常常为之烦恼。他们感受不到和家人一起生活的幸福和温馨。一般情况，这往往是因为他们只注重自己的感受，而不理会家人的心情。做丈夫的如果对妻子要求苛刻，自己却丝毫不付出，只指手画脚，不尊重、体贴妻子，他们要自己的妻子做家务，事事顺从，自己又不懂得克制和忍耐。这样一个不体贴、关爱他人的人，怎么能奢望从别人那里得到理解和关心呢？

假如自己不懂得容忍和克制，就很难赢得自己妻子或丈夫的关爱。每个人都应该尊重、体贴、关心他人，在这点上，男女双方无任何区别。有些人以为婚姻就像天堂，而现实生活中的烦恼和苦闷，让他们有种忽然从天堂掉到地狱的感觉，他们无所适从，不知如何是好，失望痛苦。在热恋期间，人们总是把对方想得过于完美，等结婚之后才发现彼此的缺陷和不足，所以会感到非常痛苦。

任何人都不可能十全十美。因此，我们要宽容、理解、忍让别人的不完美之处。假如有人要求十全十美、完美无瑕，这只能说明他本身的狭隘自私。美好的婚姻离不开仁爱、宽容、自控等美德，它们好比婚姻的通行证。假如夫妻俩都心胸狭窄，锱铢必较，而且经常恶语相向，甚至大动干戈，那他们的婚姻必定会笼罩在浓重的阴霾之中。唯有相互体贴关怀、尊重谅解、忍让克制，才能拉近彼此的距离，让婚姻生活充满快乐和幸福。

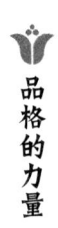

第二节　夫妻是永久的伴侣

妻子对丈夫的道德品质有着重大的影响。唯利是图、心胸狭隘、自私自利的女人，常常会让自己的丈夫也变得鼠目寸光、不思进取。假若妻子具有崇高的品格、善良的心地，她的丈夫就会变得品德高洁、目光长远。

很多麻木不仁、冷酷无情、无所事事的男人，背后都站着一个人品卑劣、野蛮专横、自私自利的妻子。贤惠的妻子懂得该如何让自己的丈夫忘记疲劳，在家里彻底放松。她还会逐渐影响丈夫的道德素养，极力发挥他的才华，鼓励丈夫去追求正义和崇高的事业。唯利是图、庸俗不堪的妻子，会在不知不觉中导致丈夫的沉沦和堕落，使他走向自我毁灭的道路。

法国政治学家、历史学家托克维尔先生，对这个问题有着极为深刻的见解。他认为，性格温和、品质高尚的妻子，总是被丈夫视为精神支柱。他耳闻目睹了许多意志薄弱、优柔寡断的男人，在公共道德方面却极有修养。这是什么原因呢？因为这些男人都拥有善解人意、品质高尚的妻子，她们鼓舞自己的丈夫改造自己，增加了他们的信心和勇气。妻子强烈的社会责任感和正义感，让丈夫有益于社会，给他们巨大的精神动力。

相反，托克维尔先生也亲眼看到了许多原本胸襟开阔和习惯良好的男人，后来变成了粗鲁庸俗的无耻小人，因为他们都有心胸狭隘、自私自利、品格卑贱的妻子。受到妻子的影响，这些男人已经没有任何社会责任感和事业心可言。

托克维尔认为，温柔贤惠的妻子值得赞扬，她们是上帝赐给男人的最好的礼物。在给好友的一封信中，他满怀激情地写道，正是妻子温和的个性和勇敢、机智的品格，带给他细致的安慰和无穷的力量。随着社会经验的不断增长，托克维尔对生活有了更深刻的认识。他清醒地认识到，家庭的和睦、团结会对一个男人的品德产生很大的影响，这关系到他能否成为一个高贵的男人。

托克维尔反复强调说："婚姻的美满程度在很大程度上决定了一个男人的幸福与否。"他认为自己是一个非常幸福的人。"我感谢上帝，他让我生活得快乐。他赐给了我一个温馨、舒适的家，它是我所有的快乐的源泉。虽然家庭生活一再被年轻时的我所忽略、轻视，然而随着时间的流逝，我越来越感到它重要了。现在我发现，祥和的家庭让一切都变得更加美好。"

他给挚友克格雷的信中写道："上帝赏赐给我的众多的幸福中，最有意义、最有价值的幸福便是让我结识了玛丽。你无法想象她在关键时刻的作用，温柔、娇弱的玛丽在遇到困难和挫折时精神饱满、坚忍不拔，任何痛苦和不幸都不能让她低头。她百折不挠的精神使我深受震撼。很多时候，我会因为麻烦和苦恼心神不定、寝食难安，而她却从容不迫、泰然处之，始终保持一颗平常心。她总是安慰我，给我勇气和力量。我为她的沉着和冷静深深折服。"

在另外的一封信中，托克维尔说："我的妻子不仅眼明手快，而且充满智慧。在我犹豫徘徊时，她总能及时发现问题的关键所在。她的眼睛和神态会告诉我该怎么做。没有语言可以表达我和她在一起生活的幸福。如果我告诉玛丽，我将去做一件正

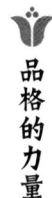

确的事情,她就会流露出称赞和骄傲的目光,使我的情绪不断高涨;同样,如果我昧着良心去干坏事,我不仅受到良心的谴责,玛丽也会忧郁和焦虑,让我明白不能做亏心事。我在她心目中有着特别的地位,令她敬畏,这点让我自豪。我可以信心十足地说,只要我坚持对她的爱,就不会受诱惑去干坏事。"

托克维尔是位专注于文学创作的文学工作者,他刚直不阿、独立自强。步入老年后,他体质下降,经常被病魔纠缠。疾病的折磨使他脾气暴躁,但他仍坚持写作,他说:"我已经在桌前坐了五六个小时了,我的身体逐渐衰弱,我无法再写下去。我急需休息,长时间的休息。如果你看到这位奄奄一息的作家,知道他正在承受的痛苦和困惑,你可以想象他的生活有多么悲惨。自从失去我的妻子玛丽,就没人能再安慰我,使我继续工作。能遇到那样志趣相投的伴侣,真是太不容易了。玛丽的性格很温和、富有耐心,她会消除我的疲劳,让我打起精神。她的善良、温柔和耐心一直陪伴着我。犹如西下的夕阳,我常常感到莫名的烦躁,只有她能让我的心灵得到慰藉,她永远对我忠诚——我的玛丽!"

基佐是法国著名的历史学家和君主立宪派的领袖。他的一生充满坎坷和艰辛,然而他的妻子自始至终都真诚地支持和鼓励他,不管是在风雨如晦的日子,还是春风得意之时。基佐的妻子是一位心地善良、宽厚忍让的女性,让他即使遭到政敌和反对势力的强攻猛击时,也依然保持乐观、愉快,他妻子的柔情爱意让他的心中充满阳光、温暖和希望。即使外面的世界凶残冷酷,他的家庭始终不改安宁、祥和的气氛。

在回忆录中,基佐说:"一个人无论在事业上取得了多大的成就，他仍强烈地渴望幸福；不管拥有多么显赫的权势，若没有幸福的家庭，他就不可能体会到真正的幸福，他也就不可能真正成功。我的时间已经不多，现在我更深刻地体会到，人生的每一个阶段都必须以家为基础。无论一个人拥有多么辉煌伟大的事业，家始终是他的港湾。男人可以从妻子的温柔和慈爱中获得精神支持和动力，不懂得珍惜家和友情的人，即使取得显赫一时的成就，他的欢快和幸福也是不完整的。"

基佐的爱情故事十分有趣和特别。年轻时，他在巴黎干过很多事情，但总的说来是靠写字谋生、写书、写评论、做翻译等。一个很偶然的机会，他结识了《杂谈》杂志的编辑，一个非常能干的女人——波琳娜·德·梅兰小姐。后来，这位编辑的家里遭遇一场突如其来巨大灾难，她病倒了，不能继续从事编辑、审稿工作，严重影响了整个杂志的工作和运转。德·梅兰小姐为此忧心如焚，就在她为此焦头烂额的时候，她收到了一封不署名的信件。寄信人说愿意帮助她，给她提供优良的稿子。

果然，文章如期而至，而且都令编辑很满意，一一发出了。这些稿子涉及文学、艺术、戏剧等，文笔新颖独特、才华横溢，遗憾的是不知作者为何人。此时的德·梅兰小姐顾不了许多，只能奋勇前行。等她康复以后，她才知道这个人就是年轻的基佐。在这过程中，两人萌发了爱意，不久以后，德·梅兰小姐就嫁给了基佐。

婚后，两人共进退，同甘共苦一起面对生活中的忧伤和幸福。德·梅兰常分担丈夫大量的工作。在婚前，基佐曾问她："人生阴晴不定，为何你不会感到惊慌和失落呢？"基佐当时就预见了自己的命运变幻莫测。他的妻子满怀信心地回答，他的胜

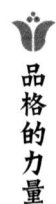

利会令她感到骄傲和自豪,他的挫折和失败也绝不会令她后悔自己的决定。

基佐担任部长以后,他的妻子在给朋友的信中说:"我是多么渴望能与丈夫形影相随啊,可现在我们很少有在机会一起,虽然经常能见到他……如果来世我们还成为夫妻,我宁可与他共同经历生命的风风雨雨,共同经受恶劣的考验。哪怕这种日子让人忧心忡忡,我也愿意,和他在一起的日子是我一生最宝贵、最幸福的。"然而,这位善良、忠诚的妻子,在六个月后就离基佐而去了,剩下丈夫一个人悲痛欲绝。

英国辉格党政论家、下议院议员伯克,有一个漂亮、温柔、宽容、忍让、高尚的妻子。因为时局的动荡和事业上的不顺,伯克非常忧郁、暴躁。幸运的是,他有一个温暖的家。家让他轻松和愉快。妻子的贤惠和明智、善良与体贴,让伯克感到无限的宽慰和舒畅。

伯克曾经说:"一个人只有先爱自己的家,才能去爱别人、爱人类。"这句话也是他一生最生动、最真实的写照。年轻时,伯克这样描绘他的妻子:"她楚楚动人,但我说的不是她美丽的脸蛋、光洁的皮肤和苗条的身材。在这些方面,拉金特无疑是很出色的。但她温和的个性才是最有征服力的,她天真单纯、善良仁慈,她高尚的品格令人如痴如醉。第一次看到她,我被她的美貌所吸引。她的美丽,让人无法抗拒。然而让我真正心动的,是她的那颗心。像她这样美丽的面孔和高尚的品行相结合,真叫人称颂上帝的仁慈和厚爱。

"她有着惊人的冷静,无论狂风暴雨,还是日常琐事,她都能应付自如,让人感到不可侵犯的威严和刚毅。她的美德举世无双。她真心实意地尊重别人，是她教会我去爱每一个人，原谅别人的过错。

"她虽然柔弱，却又十分坚定；她温和、善良的个性虽然有些娇气，但并不懦弱。

"她高雅的修养仿佛与生俱来，毫无雕琢之意，透露出她优良的本性。她的真诚、谦逊、忍让，让有教养的人赞不绝口，并深受感动，可惜那些庸俗、粗鲁的人无法领略到这一点。"

以上是丈夫对妻子的评价。我们换个角度，看看妻子是如何看待丈夫的。英国上校哈金森的妻子，曾对丈夫的言行作了详细的记录。上校临死前叮嘱自己的妻子说："我死了以后，你一定要保重，不能过度悲伤。"事实也是这样，他的妻子遵从丈夫的嘱咐，化悲痛为力量，把对丈夫的思念融入到对丈夫一生的真实记录当中。

在《生活》的序言中，她写道："不畏惧死亡的人，知道死亡是不可避免的。他明白，苦苦追求的时光已经远离，或许他会心潮澎湃、思绪万千，有不尽的悲哀和痛苦涌上心头，它们带走他这一生最美好的回忆。哀悼者不由自主地想起刚失去的时候，但记忆不再清晰。挥之不去的忧伤让人痛苦不堪。

"人们总要靠回忆来安慰自己，缓解忧郁。这不失为一种好方法。记忆中的东西再次呈现，愈加可爱，经过一番离愁别恨之后，平常的事情也带有了沧桑感，让人更加珍惜。我不会像别人那样悲伤难过，我总在找寻治疗思念的方法。

"现在我终于明白，安慰自己最有效的方法，就是想念你们的父亲。不过，我不会用虚假之词形容你们的父亲，那将严重地侮辱你们的父亲。有人雇佣别人往死人脸上贴金，结果适得其

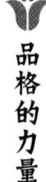

反。只是真实地记录一切才能带来荣耀,这是他应得的,而不是瞎编乱造。"

哈金森上校的妻子这样描述她的丈夫:"他对妻子的感情如何呢?作为一个有身份的男人,他只顾及自己的面子,注重自己的仁慈和宗教信仰。从他的身上,我们不难发现,那些有身份、有地位、有家产的上层人士对妻子缺乏真正的爱,他们甚至不懂得尊重女人。他不疼爱自己的妻子,而且主张女人要完全遵从伦理道德规范,要受到行为规则的约束。

"但是,他是个爱岗敬业的人,对政府工作一丝不苟,小心谨慎地处理自己的事务。所以,做他的妻子徒有虚名,内心苦不堪言。然而,为了顾全大局,做妻子的只能忍气吞声,以免影响丈夫的工作。

"他做事情总是有理由的,不会强迫别人去做事,他注意自己的良心和品格,经常给我讲诚实、谦逊、荣誉等方面的事例,但他从不迁就、纵容自己的妻子。如果他故意高调赞扬妻子,也是因为他觉得那些高尚的品格是自己教导的结果。他把自己当做榜样,妻子只是反映了他的美德而已。妻子都只是他的附属品。"

罗谢尔·罗素夫人是英国历史上有名的妻子,她对丈夫的忠诚无人可比。为了帮助丈夫,她不惜四处求人,到处奔波。她想尽一切办法增加她那心爱的勋爵的信心和勇气。在丈夫弥留之际,她同女儿们一样,静静地等待最后一刻的到来。为了减少丈夫的痛苦,她保持冷静,与丈夫进行了最后一次拥抱。拥抱以后,勋爵喃喃自语道:"好了,死神也不再可怕了!"

妻子能对丈夫产生重大的影响,丈夫也无法忽视妻子的善良和美德。与哈金森上校的妻子相反的是，很多对丈夫至死不渝的女人，都无法忍受丈夫离去的痛苦，相继追随而去了。

阿尔伯特·莫顿的妻子，因为丈夫逝世，心中无比悲痛，她无法缓解内心的忧伤和悲哀，不久便因悲伤而离去，跟丈夫一起长眠地下。这件事深深感动了英国的外交家、诗人沃顿，激动之余他写了这首诗："他已经离我而去，我试图努力地继续活下去，可没有了他，我如何还能生活，就让我随他而去吧。"

这两句诗广为流传、经久不衰，原因是平淡的语言中，饱含着一个妻子对丈夫的深挚的依恋和忠诚。

听说丈夫已经奄奄一息的时候，华盛顿的妻子痛苦地吸了一口气，说："好，一切都已经结束了。我该跟他一起走了。"

因为妻子的敏锐的洞察力，丈夫才能在某一领域内有新的发现。加利兹教授的女儿也是意大利的一位科学家，她的丈夫贾凡尼医生常为她感到骄傲和自豪。据说有一次，她发现用刀子碰一下放在带电仪器旁边的青蛙的腿，青蛙的腿会猛烈地抽搐，反复实验都得出的结果同样。贾凡尼对妻子这个发现高度重视，最终据此发现了生物电现象，使自己的名字与这门新兴科学紧密地联系在一起。

夫妻间的真爱如同青山绿水，永不磨灭，岁月带不走这份情谊。妻子是丈夫最好的伙伴、最好的安慰者，在很多时候，也是他们最得力的助手。

从古至今，男人们都会对自己的忠诚的妻子念念不忘，他们的爱情深深地感动每一个人。英国著名的散文家和历史学家卡莱尔，他的妻子长眠在哈丁顿教堂的墓地里。在她的墓碑上，刻着这么一段话："她温和细腻、善良仁慈，她有着极其敏锐的观察

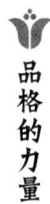

力，她这一生充满了烦恼和忧伤，但她的优点也让她享受了甜蜜的幸福。她自始至终忠诚于丈夫，作为他的伴侣和帮手，她的行为举止和言语神态鼓舞着丈夫不断开拓、不断进取。没有人能像她这样激励着丈夫勇敢前进了。"

英国的政治评论家、新闻记者科贝特先生，是一个注重实际的人。他诚实、有素养、重感情。然而，因为他的爱情不合习俗，许多人说他卑贱、可耻、庸俗甚至猥亵。

第一次看到他的妻子时，他才21岁，而女孩13岁。那年冬天，他经过小女孩的家门前时，她正在雪地里擦洗澡盆。科贝特眼睛一亮，产生了纯洁、美好的感情。他自语道："这就是我所追求的女孩。"他认识了这个雪地里擦洗澡盆的小姑娘，并下定决心，以后娶她为妻。

这个小女孩的父亲是一个炮兵队的准尉副官。有一天晚上，女孩随父亲来到了伍德威奇。为了让她不再干繁重的活，科贝特把自己所有的积蓄——150个基尼全部送给了小姑娘，连回伦敦的路费都没留下。小女孩带着科贝勒给她的钱消失在夜色中。

五年以后，科贝特先生退役了，他一到伦敦，马上去拜访准尉副官的千金。科贝特心疼地说："我看她干粗活，又脏又累，可年薪少得可怜。她见到我的第一件事，就是把150个基尼还给我。"小姑娘高尚的品格深深地打动了科贝特，使他说不出话来。

不久，科贝特与小女孩结为夫妇。因为妻子的温柔、贤惠、善良、体贴，科贝特无比感激，他将自己的成就都归功于妻子，包括他一生的幸福。

也许，有人会觉得科贝特粗鲁、庸俗，过于功利，没有同情心。实际上并非如此，他感情丰富，具有诗人的气质和天赋。他不喜欢因循守旧，很少人能真正地理解他，但他尊重女性高尚的品格有目共睹的。在《给年轻妇女的信》中，他对具有优良品德的女性作了形象生动的描述。他为女性呐喊，宣扬男女平等的观念。他的文章饱含激情、简练生动。他认为每个人都应该具有高尚的情操，为此，他十分注意自我言行，控制欲望，并经常自我批评。他勤劳善良，充满朝气。虽然他的观点不一定正确，但他善于思考。他对现实社会有着深刻、独到的见解，只是很少被认同。在描写日常生活方面，科贝特的散文诗取得了突出的成就。

第十章 爱情不可或缺

第十一章
苦难磨炼出高贵的品格

　　祸福是对双胞胎,形影不离。或许有人不明白,不幸其实孕育着幸福。在我看来,挫折和失败就是幸福和成功的熔炉和加工厂。

　　　　　　　——厄金斯的《福音十四行诗》

第一节　苦难是门必修课

"天将降大任于斯人也，必先苦其心志，劳其筋骨……"要想在事业上有所成就，就得经受各种困难痛苦的考验。只有这样，我们才能站稳脚跟。隐藏美德表现不出其价值，相同地，归隐山林之人常让人产生懦弱胆怯、庸俗懒散的怀疑。真正的勇敢的人，应坦然面对一切，履行职责，勇于奉献。

斯威夫特曾经说过："倘若一个人能够认清，公正地评价自己的能力，那他就不会走上歧途。同样的道理，连自己那不了解的人，也很难称上品质高贵。"实际生活中，人们更喜欢衡量别人而不是自己。

由此可以看出，拥有自知之明是人们成功的前提条件，大家都必须有坚定的立场。弗雷德里克·伯瑟斯就对一位年轻的朋友说过："现在你只知道自己是做什么，当你感到自己力不从心的时候，就会有所成就了，你就可以平静地面对一切。"

在日常生活中，只有积极地参与各种活动，才能学到切实有用的知识，增长见闻。大家也必须意识到自己的责任，知道遵守法规，学会忍耐鼓励。实际生活中形形色色的诱惑、艰辛和不幸，会让人们变得更加坚强，并从苦难中学到行之有效的东西。如果想正确地认识自己，就必须同他人保持联系和交往。只有让自己融入社会生活，我们才能真正地了解自己。反之，很可能会固执己见、目空一切。把自己封闭起来，故而迷失本性。

虚心的人善于向他人学习，借鉴别人的经验和成果。只有那些骄傲自满、鼠目寸光的人，才羞于向他人讨教，对他人的优点视而不见。这种人也很难有作为，甚至连生活中常碰到的问题都不能很好地解决。我们应该集思广益、博采众长，乐于向有智慧的人请教。

生活常识的获得，要求人们要有足够的耐心和细心，而不是很高的智慧或很强的能力。赫兹利特认为，精明的商人和老道、世故的人，通常都是比较明智的。他们看问题时都会以自己耳闻目睹的事为出发点，而不是毫无理由地想当然。

在一般情况下，女性的直觉要比男性灵敏得多。她们有强烈的同情心，直觉也迅速、敏锐，因而她们的感情是变幻莫测的。虽然有时欠缺理性的思考，但女性的温柔和圆滑却在很多时候都能驾驭狂放之徒。人生犹如一所学校，大家都是其中的一名学生，对一些制度和规定或许我们不能认同，尤其是规定和教导的"老师"是无奈、痛苦、诱惑、困难时。但谁都无法超越这一切，都必须经受考验和磨炼，最终获得经验和教训。我们还能得到些什么好处？有没有提高自己的知识和勇气，有没有增强自我控制能力？答案是肯定的。一个经历了不幸和困惑的人，会有丰富的体验，他们更懂得珍惜生命。马沙林欧基主教曾说过："时间和我共存亡。"人们说，时间能抚慰受伤的心灵，带给我们美好。时间是最优秀的教师，是智慧的沃土，是经验的肥料。它是青年人的挚友或仇敌，对老年人来说，他永远是个安慰。人生是否充实、有意义、有价值，关键看你如何把握时光。

乔治·赫伯特说："时间，碾碎了年轻人的美梦。"因为在他们眼中，生活是美好灿烂的，整个世界都充满欢声笑语。但是，时间会把生活的阴暗面赤裸裸地呈现在他们眼前，让他们见识人生的悲哀。不过，乐观开朗、坚定自信的人知道，生活不会都是悲伤和不幸，他们可以击败重重阻碍，得到真正的幸福？这些人坦然地面对痛苦和重任，任何时候都能傲然挺立？

生命需要热情和活力，但岁月却无情地冷却人们的斗志，使之不断地成长为一种平和、克制的心境。加以正确的引导，它就是健全人格的一个重要标志。激情洋溢的人，通常都是活力四射、公正无私的；而唯利是图、自以为是，通常是心胸狭隘的代表。后者的生活充满了铜臭味，见不到生机勃勃的春天。若一个人做事情时没有任何激情，那他就不可能会取得成功。火一样的激情能提高办事效率，坚定人们的信心和决心，帮助人们走出困惑和迷途，并养成恪守职责的美德。

亨利·劳伦斯先生说："如果人们都能正视生活，就可能宽容地对待挫折和失败……从激情和气概中获得奋斗的力量。"亨利先生还说过，要积极地培养和教导青年人的激情。要将浪漫气质和现实气质有机地结合在一起，前者会引导人们走向光明辉煌的前程，而后者则让他们获得行之有效的途径。

约瑟夫·兰切斯特是个个性鲜明的人。14岁那年，他就通读了《奴隶贸易中的克拉克森》一书，而且下定决心，以后一定要回西印度群岛教贫穷落后的黑人读《圣经》。没多久，他就揣着《圣经》和《天路历程》离家出发了，当时他的口袋里仅有几个先令。成功抵达目的地后，关于如何进行自己的工作，他感到茫然。他的父母忧心如焚，得知其行踪后，就马上把他带回家去了。但是，这丝毫没有减弱他的激情，相反，他从那时起就一直投身于慈善事业，让贫困的人们也得到良好的教化。20岁时，约瑟夫就创办了他的第一所学校，招收附近贫困人家的小孩，人数远远超出人们意料，他不得不连续租用了很多房子。而且家长们可以根据自家的实际生活情况付学费，甚至是免费。约瑟夫·兰切斯特真可以称得上是我们国民教育体制的先驱者。

在成就伟大事业的过程中，是热情赋予我们所需的力量。没有它，我们就很可能向困难低头。如果非凡的勇气和坚定不移的意志能与火热的激情相结合，相互鼓舞，相互促进，那他就可以无所畏惧，从容面对所有困难和危险。哥伦布就是一个突出的例子。他非常勇敢，并且满怀激情。他坚定地相信世界上仍有未被发现的大陆。因此，他勇敢地将之付诸实践，扬帆到陌生的海域去寻找新大陆。但他身边的人却感到恐惧，并威胁说要把他扔到大海里去。不过，哥伦布依然坚持己见，最终他的想法变成了现实。

真正的勇士是不可战胜的，为了胜利，他们会不惜代价。人们只羡慕成功者的鲜花和掌声，却不知道成功的背后隐藏着多少汗水和危险。当朋友艳羡他的财产和好运时，元帅勒菲弗回答道："你羡慕我吗？你完全可以通过更简单的途径得到这些。你站到院子里去，我持枪站到30步外，向你射击20次。如果你没被打死，那我就把全部的财产都送给你，怎么样？你愿意吗？很好。请切记，我现在的成就是冒着生命的危险在枪林弹雨中取得的。我至少在比这更近的距离内被敌人射杀过不下1000次。"

伟人们无不是经历过苦难的磨炼后才获得后来辉煌的功绩。是苦难锤炼了人们的品格，赋予人们行动的勇气和动力。日食能够衬托出彗星，相同地，时势也能造就英雄。在某种情形下，突然降临的苦难使天才瞬间长大成熟。而耽于玩乐中的人们，很可

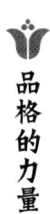

能会迷失善良、勤快的品性，逐步走向罪孽的深渊。

学者们常把物质上的贫困同精神食粮的匮乏相比较，其实，物质上的富裕更能使人心情沉重。克里特说："我热烈地欢迎贫困，请你们一定不要姗姗来迟。"贺拉斯也说过，正是贫穷激发他写诗的欲望，让他认识瓦纳斯、维吉尔和马西隆。麦克雷说："挫折会激发人的力量。虽然我跟维吉尔一样，穷困潦倒地生活了好多年，但我并不觉得自己有多穷。"

西班牙人都会为塞万提斯遭遇的困顿感到庆幸。如果不是遭遇了这样，他那些历史性的著作也就不会诞生。托莱多地区的大主教去拜访驻马德里的法国大使时，法国使馆里的绅士都说，他们无比崇拜《堂吉诃德》的作者，并渴望能认识他。他们得到的回答是，塞万提斯正在西班牙服役，十分辛苦，而且他的岁数已经很大，又非常贫困。法国绅士们大吃一惊："什么？塞万提斯先生居然是这般处境？他的著作《堂吉诃德》没给他带来财富吗？""上帝不批准，"大主教回答说，"只有贫困，才能给他创作的灵感，而且他个人的贫困能给全世界带来富裕？"

苦难会鼓舞人们的斗志，使人奋发向上。懒散、麻木的人是很难获得成功的。因为成功的背后免不了许多困难和诱惑。它们教会大家要艰苦奋斗，要自制自律，要宽容忍耐。所以说，痛苦和不幸往往孕育着纪律和美德。在与贫困作斗争的同时，人们会变得坚强。卡莱尔说："那些躲在家里养尊处优的人，一味地逃避现实中的争斗，沉湎于自己编织的美梦，他们永远无法同在困难中作战的人们相比，只有勇敢地与贫困抗争的人才是真正的坚强能干。"

伯克是这样评价自己的："困难和失败不能让我服输，顺境和优势也不会使我变质。"在危急时刻,人们才能够最大限度地发挥自己的勇气和能力。同痛苦搏斗的过程中,我们获得了前进的动力。"贫穷和挫折造就人们健康、美好的品格,唤醒人们沉睡的激情和活力。

一个人是不可能永远顺利的,胜利是建立在一次又一次失败的基础上的。失败,能让明智的人更清醒、更科学地认识自己,从而更加聪明、理智。在失败中,我们可以吸取丰富的经验和教训。外交家经常说,教他们学会外交艺术的,是失败、挫折、攻击和围困。它们给人的启迪,是任何箴言、建议和榜样无法相比的。失败让人懂得了该做什么,不该做什么,这点在外交活动中是十分重要的。

要想有所成就,就必须勇敢地面对失败。你的勇气会让你遭到挫折时信心百倍,继续努力奋斗。塔尔马是个出色的演员,深受观众的喜爱。但他第一次登台表演却被观众的嘘声赶了下去。同样,现代最伟大的演讲家之———拉科达尔所取得的成绩,也是一次次失败的结果。蒙塔雷伯这样描述他的第一次讲演。那是在圣·罗奇教堂,他这次公开演说彻底失败了。听众们离开教堂时纷纷说:"即便他才华过人,也不可能成为一个演讲家。"但是,后来经过他不懈的努力和无数次的失败和尝试,最终成就了一世功名。距他首次公开露面的失败不过两年时间,他就站到了巴黎圣母院的演讲台上。自从进入波苏哀和马西隆时代以来,极少有法国的演讲师能在巴黎圣母院演说,但拉科达尔却做到了。

詹姆斯·格雷汉姆先生和迪士累利先生也是在别人的嘲笑声中走向成功的。遭受挫折时,他们毫不气馁,勤奋练习,多次失败后,终于成为著名的演说家。其实,詹姆斯·格雷汉姆先生曾经一度绝望地声称放弃这个职业。他对自己的挚友弗朗西斯·巴林说："我绞尽脑汁，希望能提高自己的即兴演讲水平，可我始终无法做到自然从容。为什么会如此呢？也许我根本就不可能成功地演说，更别提是成功的演说家了。"但是，他的坚持不懈让他同迪士累利一样，成为非常有影响力的演讲大师。

富有预见性眼光的人，发现自己在某方面的不足后，能很快地把精力放在其他领域。普里多在竞选德文郡马格的罗教区执事失败以后，就全心全意地学习，最终成为伍斯特地区的主教。布瓦洛律师第一次为被告人辩护时，法庭下一片哄笑。后来，他又尝试着去做教士，但也遭遇了同样的结果。可他并没有灰心，他开始努力从事诗词方面的创作，终于取得了成功。

如出一辙的，还有考珀。由于天性害羞、腼腆，他的第一宗案件的辩护也遭到了失败的厄运，但在英格兰的诗歌艺术方面，考珀却做出了巨大的贡献。孟德斯鸠和边沁也曾经尝试着去做一名律师，可都没能如愿。离开了律师这一岗位后，边沁给后代留下了一部关于立法程序的著作。报考外科医生失败以后，戈德史密斯先生写了《无人居住的村庄》和《韦克菲尔德教区的牧师》。虽然演说没有成功，艾迪生却成功创作了《罗·德·科弗利先生》，同时，他还在《观察家》杂志上发表了许多独具慧眼的见解和论文。

第二节　逆境是品格的试金石

许多伟大人物的一生都从未间断过同困难和逆境作不懈的斗争。但丁最出色的作品也是在穷困潦倒，而且是被流放的时期创作出来的。跟他处于对立面的地方集团排斥他，驱逐他，将他的财产全部洗劫一空。在本人未出席的情况下，他就被判处火刑。朋友劝他请求宽恕和赦免，那样他就可以回到佛罗伦萨。而他回答："不，我决不会这么做。我绝不会通过这种途径返回故乡。如果你们中的任何一个能找到不损坏我名誉的方法，我就会立刻高兴地回家乡。否则，我宁可不回佛罗伦萨。"然而，但丁的敌人始终不肯放过他，20年的流放生活以后，但丁客死异乡。即便是这样，他的敌人们仍不满意，最后罗马教皇拉盖特下令烧毁了但丁的名著《论君主政体》。

相同地，在流放期间，卡蒙斯写出了大量不朽的诗篇。厌倦了圣塔伦地区封闭落后的生活后，卡蒙斯参加了反对穆尔斯的远征队伍，并因为自己的英勇而闻名于世人。在海上作战时，他勇敢地冲上敌军舰队，后来一只眼睛不幸被打瞎。在印度东部的果阿，他目睹了葡萄牙人的种种暴行，盛怒之下，他到总督府要求他们出面制止这种行为，为了这事，他被驱逐到中国这样遥远的国度。

在一次航行中，他们遭遇了狂风暴雨的袭击，值得庆幸的是《鲁西亚德》的手稿完好无损。他的一生充满了不幸和迫害，在澳门他被监禁,后来虽然逃到里斯本,但他已经一贫如洗了。没过多长时间,他出版了《鲁西亚德》一书,顿时名声大噪,但在物质方面却无任何改善。假如不是他那忠心耿耿的老奴安东尼奥为他乞讨,他肯定早就饿死街头了。最后,他因为疾病和苦难,死在一所公共救济院。人们在他的墓碑上刻下了一段铭文:"躺在这里的是路易斯·德·卡蒙斯,他是那个时代最优秀的诗人。他在世的时候,生活十分贫困,环境恶劣,直到他逝世时仍然悲惨、不幸。"

塔索也在很长一段时间内受到诽谤和迫害。他曾经在疯人院呆了7年,还是意大利的流浪汉。临终前,他写道:"我不会埋怨命运的不公正,那些把我拖入乞丐墓穴的卑鄙小人不值一提。"当然,时间不会饶恕那些迫害者,他们总会得到应得的报应,而无辜的被迫害者终究能得到平反,恢复原来的声誉。他们的角色会完全调换过来。怀念迫害者的时候,人们会知道事情的真相,迫害者们就会名声扫地,遗臭万年。费拉拉监禁塔索的事到底被公诸于众了,伍腾堡也由于自私狭隘的心胸而迫害席勒的事被后人鄙视唾弃。

为了追求科学和真理,有时很可能会以葬送人们宝贵的生命为代价。这些殉道者虽然命运坎坷、历经苦难,但他们开辟了一条通向智慧和光明的大道。最生动的例子就是布鲁诺和伽利略。他们的观点被愚昧的人们说成"歪理邪说",俩人因此付出了生命。实际上,有为数不少的人都遭受了同样的命运,他们的才能并没能把他们从敌人的怨恨中拯救出来。

法国著名的天文学家贝利(他曾担任巴黎市市长)和出色的化学家拉瓦锡,二人一起在法国第一次大革命中被送上断头台。

国民议会判处拉瓦锡死刑以后,他曾要求宽限几天,因为他在狱中的一个试验还没得到证实。然而,法庭却没有接受他这一请求,下令立即执行判决,甚至还有一个法官宣称"共和国不需要学者"。斯特利博士是现代化学之父,他在英国的房子被付之一炬,敌人还砸了图书馆,就在"不要学者"的叫嚣声中,博士无奈地离开了祖国,最后客死他乡。

具有非凡勇气的人,常常把自己同他人孤立开来,以此来刺激自己完成工作的决心。有的人只有在完全不受干扰的环境中,精神才能高度集中,才能触摸自己的灵魂。但是,能否在孤立状态中取得成就,关键要看个人的性格,以及他所受的教育和磨炼。优秀高尚的人,其心灵会更加纯洁无瑕;自私狂妄的人,则会愈加残忍狭隘。孤立的状态,既可以成为高贵品质的守护者,也可以折磨那些心胸狭隘的自私自利的人。

身陷囹圄的约翰·班扬只有用不停思考的方法来宣泄自己的情绪,《天路历程》就是这样问世的。重新获得自由以后,他却再也没有创作的灵感了。《天恩无处不在》和《圣战》也是他在狱中所作。他被监禁在狱中长达12年之久,在这期间,他只偶尔获得与人会面的权利。麦考莱说,他之所以能写出最优秀的寓言作品,大概也就是那漫长铁窗生活的功劳吧?事实上,任何一个政党都总是试图将所有反对他们的人送进牢房。班扬是查尔斯二世时入狱的,而在他之前的查尔斯一世时代,监狱里更是人满为患,其中不乏许多杰出的人物,如翰·艾略特勋爵、汉普登、普林等等。埃利奥特在受到严格监控的情况下,以惊人的毅力写出了著作《人类的君主政体》。在查尔斯一世时入狱的诗人乔治·威瑟尔,在被关在马夏尔西监狱时完成了出色的《对国王的

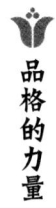

讽刺》。

在共和政体时期也收押了不少著名的囚犯。忠诚的威廉·达文兰德勋爵被关在考斯城堡里,创作了精致优美的诗篇《龚迪伯特》。据说,是性格开朗的弥尔顿挽救了他的生命,后来,达文兰德也救了弥尔顿的性命。

从这以后,虽然陆续地还有一些杰出的政治犯被收押,但比以前已明显减少了。最著名的要数笛福,他曾三度被戴上枷锁示众,但他依然写出了《鲁宾逊漂流记》、《被颈手枷者的赞美》这样优秀的作品。同时,他还倡导创办了杂志《观察》,为杂志这一行业开辟了道路,紧接其后的有《闲谈》、《向导》和《探索》等等。

最近在意大利涌现出的狱中作家中,西尔维尔·皮立科最为典型。他度过了10年铁窗生涯,还写出风趣幽默的《回忆录》,书中充分体现了他出色的洞察力。卡钦斯基是匈牙利文学的复兴者,他在地牢中度过了7个年头,创作了《狱中日记》,并翻译了斯特恩的《艰难的历程》。

以上提及的人,从法律制裁的角度来说,他们无疑是失败者,但实际上,他们都没有真正的失败。表面上看,他们的生活悲惨不幸,可比起碌碌无为的庸人,他们的生命是有价值的,因为人类历史的长河中留下了他们的足迹。人的成功并不是看他在当时是否产生影响。殉道者虽然遭遇了太多的不幸和苦难,但如果他的牺牲能换来更高的价值,那他也就算是真正的成功了。

《卡利斯伯爵关于教皇的讲演》中有一段话,极具哲理:"天堂是为尘世中的失败者准备的。"也就是说,表面上的失败并不等于实际上的失败。正义事业的成功都建立在无数革命先烈失败的基础之上。他们应该对这些人怀有崇拜之情。他们为了人类的宗教事业和科学真理，不断追求，历经磨难。虽然他们已经离我们而去，但他们的真理和精神永远影响着人们的心灵。看似失败，其实他们比任何人都成功。

只有被捣碎以后，香草才能散发出迷人的芳香，只有经得起磨炼的品格，才能称得上是真正的抱负。但如果将他们置于困境中，让他们去承担责任，我们就会发现，原本顺从、放纵的个性会变得勇敢、坚强而且能自我克制。所以，痛苦和困境是让人能真正受益的，舒适的安逸就不一定，逆境能考验一个人的品格。

幸福和不幸紧密相连，能否将苦难转变为幸福，关键看你能否从中吸取经验和教训。世界上不存在完全的幸福，舒适和安逸会消磨人们的斗志，而困难和挫折反而会产生良好的影响。汉弗莱·戴维爵士曾说过："在日常生活中，过于舒适和顺利很可能会损坏人们的品行和道德，甚至走向堕落，最终使自己掉进深渊。你的幸福也会引来他人的嫉妒和诽谤。"

苦难和欢乐同是上帝的恩赐，能帮助我们树立崇高品格的却是苦难。它能美化人们的心灵，让人学会宽容和忍耐，提高人们的思想境界。霍尔普斯先生说："人类最深邃和最高尚的思想缘于何处？是苦难，并非是知识和才华，或者是商业活动，更不是情感冲动时碰撞出的火花。因此，世界上有许多的不幸和苦难。善良是传播苦难的使者，是它施于人类恩惠。"

苦难虽然会让人痛苦，但它的邻居就是幸福，苦难是一种不幸，但也是最有效的锤炼。它能唤起人性中最美好的东西。我们可以说，痛苦和伤痕是取得成功的必要条件，只有它们才能充分培养人的个性。雪莱曾在一首诗中写道："是苦难让不幸的人成为诗人，他们用诗歌告诉别人痛苦的含义。"

几乎任何辉煌的事业和成功都离不开痛苦的磨炼。对于苦难,他们总是怀着强烈的使命感,想尽办法逃脱,这一切淹没了他个人的不幸。博士多纳谈到自己的疾病时说:"你们都知道,我经常发烧,因而我时时都准备跨入天堂的大门,疾病让我处于封闭的状态,孤独笼罩着我。但我要为此祈祷,你们是不会忘记的。"达尔文博士也曾对一个朋友说:"如果我的身体强壮如牛,我就不可能会有今天的成就。"

经受了极其残酷的肉体折磨以后,席勒创作了伟大的悲剧。中风瘫痪后,接受死刑的那一刻是亨德尔一生中最辉煌的顶峰。他们都是在同病魔和不幸作斗争中,写出不朽的巨著,因而名垂史册、流芳千古的。伟大的歌剧《安魂曲》也是莫扎特在负债累累、病入膏肓的情形下的作品。贝多芬最优秀的乐章,就是在他耳朵失灵之后的无限悲伤中诞生的。

人的品格会因为苦难而更加美好。富有耐心而又善于思考的灵魂,会从痛苦和不幸中吸取经验和智慧,这比在幸福中产生的智慧要深刻得多。苦难往往孕育着幸福。一位波斯圣哲说过:"黑暗并不可怕,它或许就蕴藏着生命之水的源头。"困境虽然会让人感到痛苦,但能给人带来好处。在逆境中,我们学会忍耐,学会勇敢,锻炼出最优秀的品行。

杰勒米·泰勒曾经说过:"我们应该知道,痛苦和苦难是培养美德最好的学校。在这里,人们能够保持清醒理智,谨慎行事;在这里,我们抛弃了轻浮的举止,纠正了骄傲和自满。上帝公正而又仁慈地主宰着世界。假如不是因为苦难是幸福、美德、智慧和耐力的真正源泉,他就不会让苦难降临于世上,尤其是那些品行兼优、道德高尚的人的身上。那他自己也就没必要承受那么多的苦难了。"

世界上最不幸的人,莫过于从来都没经历过任何不幸的人。

上帝不会赐予他高尚的品格，他的能力和才华也会因之平庸。因为任何美德的形成都需要付出一定的代价。假如都是风平浪静，也就不可能体会真正的快乐。很多人都觉得歌德是最幸运的，他身体健康，拥有名誉、权势、地位和财富。然而，他自己却说，他真正感到舒畅欢快的日子累加起来还不到五个星期。

设想一下，如果生活每天都是风和日丽，从不变化，心情也每天都是快乐，没有任何烦恼和困惑，只有欢乐没有痛苦，这是人的生活吗？人生犹如一团混乱的麻线，有快乐也有悲伤，而且因为悲伤，快乐也更可爱？在生命的旅途中，苦难和幸福形影相随，人们体味悲伤的同时，也能品尝到几丝甘甜。死亡也并非一无是处，它能让生活更充实、更有意义。人们相互间也会更亲密。托马斯·布朗博士认为，死亡是人类的幸福中不可或缺的一部分。尽管如此，当死神真正来临时，很多人都无法从容、豁达地面对，这点我们可以理解。在我们泪眼迷离时候，虽然看到的都是模糊的一片，但站在历史的角度来说，我们比那些不知何为悲伤的人看到的都更清晰。

理智、豁达的人都知道，对生活，我们不能寄予过高的期望。当你取得可喜的成绩时，就要做好失败的准备。既然你追求幸福，就必须学会承受各种痛苦。愁眉不展、怨天尤人是没有用的。唯有努力、愉快地工作，才能有真正的快乐。

对于善良的人而言，这个世界是美好的，而在丑恶的人眼里，生活是腐败的。如果我们胸怀高远，积极进取，品格高尚，为自己谋利的同时也能考虑到他人的利益。就可以幸福地生活着，对未来充满信心。反之，如果我们自私自利、谋权夺利，那么，我们的生活就会充满了阴谋和陷阱，令人痛苦。

现在，我们可以得出一个结论：一个人在幼年时所处的环境

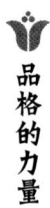

和受到的教育，以及他自身的体质，会决定他一生的素质。家庭的幸福与否也会对他产生一定的影响。周围的榜样会对他们性格的形成产生巨大的作用。因此，我们应该学会宽容、耐心地对待每一个人。

另一方面，生活在很大程度上都要靠自己的努力和争取。每个心灵都能创造出一番小天地。乐观的心灵带给这个小世界欢笑，反之，贪婪的心灵会让这片天地充满了哀愁。"我的心灵就是我的王国。"这句话既可以用在君王身上，也同样适用于农夫。人们可以主宰心灵，也很可能沦为它的奴隶。生活就是一面镜子，将我们的真实个性映照出来。

现实世界中的许多东西，到目前为止，我们还不能真正地理解，它们就好像被一只黑色的杯子覆盖着的谜底。但是，即使我们不明白为什么伟大的人物总会历经苦难和磨炼，也要懂得，它们是完整的人生中不可或缺的重要组成部分。

每个人都应该努力完成自己分内的使命。因为它是生活中最基本的活动，也是最重要的行为，任何人都不能逃避职责，我们应将它作为生活的最高追求。在履行职责的过程中，我们能体会到真正的快乐，这是不能同其他快乐同日而语的。

当完成了尘世中的一切职责，我们就会像结茧了的丝蚕一样离开世间。生命瞬间即逝，但上帝赋予我们神圣的职责，我们就一定要竭尽全力去执行。圆满结束了这一切后，或许我们会感到精疲力竭，但我们的精神却获得了永生。因此，死亡不过是酣睡，生命的一半早交给了客观、公正的墓碑；而山冈，或尘土，就是我们的归宿。

第十二章
坦诚面对一切，勇敢改变自己

坦白是诚实和勇敢的产物。
——（美）马克·吐温

最好不是在夕阳西下的时候幻想什么，而是在旭日初生的时候投入行动。
——（德）歌德

第一节 坦诚面对自己，绝不委曲求全

现实中，有很多人不能坦诚面对自己的想法。相信很多人都有过这样的经验，别人要求你做一些事情，而你自己并不情愿做。你的理智会告诉你要说"不"，但与此同时你的心中又有巨大的忧虑。你怕别人说你是一个不通世故的、不随和的、不愿意帮助别人的人，于是在各种压力的驱使下你妥协了，你最终答应了别人的要求。事后，你往往会后悔和自责，为什么自己明明不愿意却仍然要答应别人的要求呢？追本溯源，这还是跟我们儿时所受的教育有着莫大关系。从小父母和老师就不断地教导我们要做一个"听话的孩子"、"有爱心的孩子"或是"乐于助人的孩子"等等，一旦我们没有遵守这些教导，大人们就会说"太自私了，太没礼貌了，没有人会喜欢这样的孩子的"。这些无形的、巨大的压力足以让你窒息，所以，你最终选择委屈自己，违心地将"不"字咽进了肚子里。

受到传统教育的影响，我们并不习惯开诚布公地与人交流，我们习惯的是按照被设定好的角色来与别人交流，而不是以真正的自我。大部分的感受都很相似，"从小大人们便不断教导我们该做什么，不该做什么，渐渐地，这些繁文缛节就烙在了我们的脑海里，于是，我们中规中矩地执行，不敢越雷池半步。久而久之，我们就学会了隐藏自己真实的思想、情感和意见。渐渐地，我们就在自己的周围建起了一堵无形的围墙，把真实的自我牢牢

地围困在虚假的围墙之内,然后将一个与自己截然不同的'我'示于人前。"于是我们无法看到真实的对方是什么样子,我们无法确切地知道别人的真实思想。人们都有人迎合他人的倾向,认为我们喜欢听什么,就告知我们什么,在这种情况下,我们根本没法得到真实的信息。假如我们只通过别人的眼睛来评价自己的话,我们就把自我评价的权利交给了别人,换句话说就是我们受控于人。如果在我们的潜意识里,总希望委屈自己来迎合他人的话,我们也同样会通过委屈他人来与自己保持一致。这样彼此之间就没有了尊重的差异,也就失去了互相借鉴互相学习的机会。

几乎每个人都有依靠外部世界进行自我评判的习惯。由于这种习惯的影响,我们非常看重别人对自己的评价。人力资源管理专家豪斯顿说过:"我发现大部分人用百分之九十的精力,猜测别人会怎么看待和评价自己。"如果他的言论属实,那么人们就会努力来保住面子。事实上在潜意识里,我们都在努力避免冲突,即便有时有违自己的心愿,我们也会尽力去迎合他人,这是因为我们心怀恐惧——我们害怕伤害别人,同时更害怕自己受到伤害。于是我们会发现,大多数人在大多数时候不能真诚地表达自己的想法,他们不习惯开诚布公。为了让别人感到更舒服,或者为了避免和他人发生冲突,他们把自己真实的想法和感受隐藏起来。由此带来的影响是巨大的——有时甚至是毁灭性的,因为当人们失去了真实的信息时,就会像瞎子般茫然,同时也就难以避免"盲人摸象"的错误。

为什么人们不能坦诚面对自己的情绪反应?由于儿时所受教育的影响,我们已经形成了一个思维定式——负面情绪是不好的,解决不了任何问题。它使我们不能正确认识和管理情绪,并

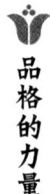

在我们的生命中创造更多的快乐。这样的思维定势让我们将负面情绪视为敌人，面对它们，我们首先想到的就是把它击败。当我们无法将它击败时，就选择了逃避。然而，情绪作为一种能量是无法被消除的，我们所能做的只是将它压制下来。当情绪被压抑时，就会跑到其他层面，但却以其他形式影响着我们。如果我们采取对待敌人的第二种方式——逃避，将情绪合理化、淡化，例如有的人说："忘掉吧？时间会冲淡一切的。"可是，情绪是不会被真正忘记的，它会永远隐藏在我们的潜意识里，当导火索出现时，它又会被再次引爆，而且来势更加凶猛，影响更加深远。

长期以来，对于不想面对的负面情绪，我们会刻意去逃避、忽略，我们会将自己的真实感觉隐藏起来，对外将自己伪装成一个非常理性的人，这些被隐藏的情绪逐渐累加起来后，会严重影响我们的健康。当它最终爆发出来后，又会使我们的人际关系受到极大伤害。很多男士就是如此。他们习惯于在工作中把自己的愤怒、悲伤、委屈埋藏起来，可这些情绪最终会在家里爆发，给家人带来伤害。

要知道，情绪作为一种能量是不可能真正消失的，那些被压抑和扭曲的能量，会以另外的方式爆发出来。所以我们会经常看到平日里斯文的女士会忽然大发雷霆，会看到文质彬彬的丈夫突然实施家庭暴力……这些都是情绪的突然爆发造成的，带来的后果会很严重。

让我们来看几个例子。

"我告诉你，我的忍耐是有限度的，我一直对你不薄，一直信任你，去年，你给公司造成那么大的损失，我还是照样相信你，原谅你，可是你看看，你现在是什么态度？我实在是忍无可忍了。你走,你走吧。"这是长官对下属的死心。

"这么多年,我对你付出了那么多的爱,可你却天天在外面拈花惹草,你对得起我吗?你还有脸说爱我,算了,我实在受不了了,咱俩分手吧。"这是妻子对丈夫的无奈。

我们漠视情绪,因为我们意识到在像愤怒和沮丧这样的消极情绪里,隐藏着极大的危险。所以我们看到在生活中有许多人经常刻意回避或压抑自己内心真实的情绪、感受及想法,而长久以来,我们都认为不要把情绪带到工作里去,因为害怕影响工作。但这样做并不能让它们消失,于是长期的恐惧、愤怒、沮丧、不满等负面情绪,在体内积累,然后在某个时刻它就会像沉睡已久的火山一样猛烈爆发。

有时,很多人认为表达负面情绪是不好的做法,所以避免直接表达,而是透过眼神等非语言动作去表达,实际上,这同样会给人际关系带来伤害。例如,先生有一天出外应酬很晚才回家,太太非常生气,但她并没有直接表达,她选择了用其他方式来应对。她把卧室锁了起来,先生因为进不去所以只能在客厅的沙发上将就一晚。第二天,她也故意睡得很晚而不去做早餐,没办法先生只好自己去做。太太吃早餐时一言不发,吃完后就直接去上班,出门时还非常用力地把门"哐"的一声关起来,以此来发泄她的愤怒。一天,两天,三天,夫妻间的冷战仍在继续,最后先生终于受不了了,大声喝道:"你还有完没完?不就是出去应酬回来晚了吗,你用得着这样?我都给你道歉了,你还想怎么样?"这时太太多半会委屈得哭起来,边哭边在心里想,丈夫平日里对她的爱都是虚假的,而不是发自内心的。

我们可以把情绪当成朋友来对待。当我们把它当成自己的朋友时，就不会像对待敌人一样力图消灭它或者避开它，而是主动去了解它、接受它，这样它才会成为我们生命中的一部分，我们才会知道这种情绪对我们生命有着怎样积极的意义，这种情绪才会在我们内心深处开花结果。如果我们逃避、否认和压抑自己的情绪，那就等于在自己的身体内制造了分裂。我们将完整的自我割裂成了互相矛盾的部分，各部分之间的争斗会逐渐侵蚀掉我们的精力。如果我们能了解并坦诚表达自己的真实感受，就等于放弃了这种无谓的征战，开始了自我完善的旅程，这样一来我们的心灵就会变得完整统一，并释放出难以置信的潜力。

第二节　坦诚面对问题，信息才能流通

有时候，隐瞒一句话可能导致几百万的损失。在一家机械设备制造公司里，公司的中高层管理人员聚集在一起，商讨如何推行一项新技术。很快，推广策略及人员安排就确定了下来，于是人们便满怀憧憬地开始推行这项新技术。起初看来一切正常，但后来大家发现了一些严重的问题：首先，因为对公司员工的培训不到位，导致员工们对新技术的操作不熟练。其次，这项新技术的电脑程序与其他系统的应用程序不兼容，使得新旧技术无法顺利衔接，需要重新编写电脑程序。此外，公司也没有预先通知经销商们测试新技术需要花费时间，经销商们不知道供货将会延期。这一系列问题的出现，致使这项新技术难以继续推行。最后，管理层决定开会研究到底是哪里出了错。在会议上，几乎所有参会人员都坦白地说，他们曾在先前开会时就担心过项目实施

的日程安排，他们怀疑整个项目的准备不够充分。可是因为看到其他人都没有表示不同意见，似乎都同意已有的方案，于是就保持了沉默。最后，这家企业不得不付出了几百万元来挽回局面。而之所以到这一步，竟是因为在首次会议期间，参会人员由于害怕被人当成无知、唱反调、出风头、瞎担忧，而不敢坦诚说出自己的意见，所以问题没有被及时发现，最终到了不可收拾的地步，造成了巨大的损失。

很多人都认为聪明人聚在一起，一定会创造出高于个人智慧的成果，然而实际情况却恰恰相反。一项测试表明，如果集体中成员的平均智商是120，经过集体讨论后得到的结果所代表的智商却可能只是70或80，而且这样的现象在很多团队中都普遍存在。例如在上面的那个例子中，事实表明，集体决策的质量并不如个人决策的质量，所以最后他们的决策失败了。他们在第一次开会时，由于心存恐惧，没有人站出来讲真话，上层没有掌握真实全面的信息，这导致了决策上的失败，给公司带来了无法估量的损失。

当今世界变化之快有目共睹，这使得所有人都活在对未来的不确定之中。多年来我们听到了各种各样对未来的预测，尽管这些预测各不相同，但它们都反映了一个趋势：未来将是一个全面开放、更加注重彼此分享的世界，人与人之间的合作会变得更加紧密。信息是合作创造的材料，合作必须以信息的自由流通为前提。不同的人对同一问题的看法千差万别，当这些信息开始自由流通的时候，就会爆发出极大的创造力。当每个人都把自己的想法拿出来与别人共享时，过去不可能实现的目标，现在在很短的时间内就可以实现了。我曾经见到不少团队，当团队成员能够坦

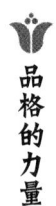

诚表达自己的想法时，员工的创造力就可以得到极大的发挥，从而能够用几天的时间就完成过去需要几个月甚至多年才能完成的任务，这就是合作创造的威力。坦诚促成了信息的自由流通，每当信息开始自由流通后，合作创意就会自然出现。这将大大提高机构的效率。

坦诚使更多人加入对话中，这样我们将会得到更加丰富的想法，我们对这些想法进行讨论、评判和改进，这时我们将眼界大开。相信你会同意——如果一个组织或团队，能够让更多人贡献出自己的想法，其竞争力必然会增强。

信息流通自由，可以使速度加快。当人们把想法真诚地表达出来后，就可以免除许多周折，讨论、改进、决策、执行等进程都会明显加快。这一套快速落实的办法——表述、讨论、改进和决策——并不是一种优势，而是在全球市场环境中生存下去的必要条件。的确，在这个激烈竞争的时代，如何让自己的行动变得快速敏捷，是每个企业都必须要重点考虑的问题。而要想实现速度的提升，坦诚是必要的途径。坦诚能减少许多不必要的中间环节，加强双方的对接与沟通，加快事情的进展。

信息的自由流通还能够让企业节约很多成本，当然，我们也许很难清楚地计算出具体的数目，但是我们可以想象得到，当我们都能坦诚相待时，很多无聊又无效的会议就可以取消，我们可以少花许多精力去互相猜测，可以节省许多因为虚假信息造成的损失，可以少费心思去做那些华而不实的报告……

信息的自由流通带给企业的另外一个好处便是可以帮助企业留住人才。我经常会听到人们描述自己在加入一家新公司后遇到的现象——他们为了改进某些事情而提出建议后，通常得到的反馈是："你想得太简单了，这里不会有任何改变的，别白费工夫了。"让我们来想想，当得到这样的反馈后，这些新员工还会继续提出建议吗？我相信，在多次得到这样的反馈后，大多数新员工会选择"闭嘴"。然而，这些员工之所以能够进入这个新公司，或许正是因为企业需要注入一些新鲜的血液。当新人提出新的建议时，却没有得到公司接纳或进行深入讨论的机会，而被"条件反射"式地回绝了。据我了解，这个现象在很多企业都经常上演。在每个人的内心深处，都有被尊重及分享的需要。我们往往认为自己的想法是非常重要且具有建设性的，如果公司不需要我们的想法，那么我们便会认为公司对我们缺乏尊重，或是我们没有得到展现能力的机会。若长久如此，我们最终会选择跳槽。因为我们的想法没有得到表达的机会，我们会感到被忽略且异常压抑。而当企业培养起了坦诚沟通的氛围后，员工可以自由表达自己的想法，员工也因此而感到被尊重和接纳，那么员工自然会倾向于继续为企业服务。

综上所述，我们可以看到，坦诚可以使更多的人表达心中的真实想法，从而带来了信息的自由流通，使企业获得更多有价值的信息资源，使企业获得了一大优势。由于信息的流通，同时又可以帮助企业节约成本、加快速度及帮助企业留住人才。信息资源优势、速度优势、成本优势及人才优势，正是当今企业获取胜利的核心要素，不是吗？

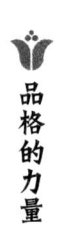

第三节　坦诚面对同仁，铸就钢铁团队

坦诚会加强团队间的彼此信任与包容。它对于团队的好处，不仅仅是信息的自由流通及活力与热情的再现，它还能增强团队间的信任与包容。缺乏坦诚就会让人失去信任，这是一个显而易见的道理。任何一个人都不会相信一个不诚实的人，信任正是一切人际关系的根本，是一切的基础。人与人之间缺乏信任，就像在走雷区一样使人无法安心，缺乏信任就是糟糕人际关系的典型表现。有人说："世界上没有什么速度比得上获取别人信任后的速度。"因为有了信任，许多错误都能迅速被原谅并忘记。在组织中信任也是粘合剂，就像混凝土一样。这个世界上的所有工作都是通过人与人之间的合作或机构间的合作来完成的。如果没有了信任，人们就失去了相互合作的基础。

坦诚是增强团队成员间包容度的法宝。如果我们不能坦然接纳自己内心的感受和想法，认为它不应该存在的话，那么我们也会同样地对他人的感受和想法表现出一种不宽容。这种不宽容会让别人担心我们对他们的感受及想法有不良反应，于是他们就会很自然地保留自己的意见，掩饰自己的内心，尽量避免行动。这样我们就会失去很多信息，也会因此失去许多重要的机会。那些非常坦诚的人，能够坦然地、真实地、即时地感受到自己的情绪及想法，他们不再以批判的眼光看待自己和他人，他们既能充分感受和表达自己的情绪及想法，而且还能够尊重他人的情绪及想法，即使别人与他们的想法不一致，他们也能理解和接受。当然，接受不一定代表同意，它只表明一种理解，表明不把别人的感受及想法看作是错误的。出于这种理解，他们不会试图改变他人，不会盲目建议和规劝别人该做什么，也不会做无谓的说服，不会刚愎自用地认为只有自己是正确的而别人是错误的，不会强迫别人与自己的观点保持一致。也就是说，坦诚使团队成员能够尊重彼此的差异，而一切合作——人与人、机构与机构、国与国之间的合作——都必须以尊重彼此的差异为前提。如果没有承认差异作为基础的话，每个人都认为自己是正确的而别人是错误的，那么，合作的可能性及意义自然就没有了。由于坦诚使团队成员间表现出极大的包容，当和别人发生矛盾时，他们愿意努力找出双赢的解决方案。他们必须通过和他人的合作来实现自己的需求，同时他们也非常乐于帮助别人。于是他们的沮丧在消失，相反自尊和自信与日俱增。这样就创造出了一个崭新的面貌，人们同舟共济、全力合作，大丰收也就指日可待。

另外，如果一家公司内部缺乏坦诚，它就不可能对客户坦诚。缺乏了对内与对外的坦诚，就根本不可能有诚信。若无诚信，那么企业就会像断根的大树一样，根本无法立足。

综上所述，以上的各点对于现今的企业来说是多么重要，它们都是企业要获得成功的核心要素，然而，坦诚给企业带来的好处还不止如此，它们只是我所认为的坦诚对于企业的好处。关于坦诚精神对于企业的好处每个人的看法都不一样，但许多杰出人士的看法都比较一致。缺乏坦诚精神会从根本上扼杀敏锐创意、阻挠快速行动、妨碍优秀的人们贡献出自己的才华。

事实上，坦诚对企业的重要性是众所周知的，所以，在此

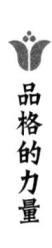

我就不再赘述。接下来，让我们来看看，坦诚对于个人有何重要性。

第四节　接受心的指引，一切都会迎刃而解

坦诚对个人亦有很多好处。记得有位哲学家说过："上帝对他的女儿说道：'我传给你我唯一的知识，那就是真诚。你在无论什么情况下都要做到对自己真诚。你对自己万万不能撒谎，那会玷污你纯洁的身体。'"假如我们不对自己坦诚，我们就不可能对其他人和事坦诚，包括我们的妻子或丈夫、我们的家人、我们的职业和同事。正如莎士比亚在《哈姆雷特》中所说："最重要的是：对你自己坦诚。这一条必须遵守，无论在白天或黑夜，你都不能虚伪地对待自己。"坦诚往往会散发出令人难以置信的巨大威力。

坦诚能催生一个"新人"。"生命游戏"是一个人成长领域里的经典课程，在这个课程中，学员会有从未有过的体验与感受。他们会找到生命中最重要的5个力量——爱、信任、勇气、公正和喜乐。这里的"公正"指的是"对自己坦诚"。在此次毕业典礼上，有位学员分享了他在找到"公正"这股力量后的巨大变化。他说道："我是公司的市场总监，现在公司业绩下滑，我受命对市场部进行改革。我发现这个工作很有挑战性。然而在领导改革的过程中，我感到越来越没信心，越来越没有安全感。每当我口口声声对下属说自己对改革很有信心时，其实自己真正想的却是自己要如何做，才能对自己的前途造成最小的影响。我

担心被炒鱿鱼、被批评、被人嘲笑，我实际上对改革能否成功没什么信心。我相信我的这种不自信也肯定传达给了下属们，虽然他们表面上都说会支持改革，但是实际上大家对改革都持观望态度。正因为如此，改进进程异常缓慢，决策总是无法执行。我因此变得越来越没信心，越来越没安全感，我筋疲力尽，但我表面上还是装出信心满满的样子。在生命游戏课程中，我体验到了"公正"的巨大力量，也深深地意识到自己是怎样地自欺欺人，是怎样地伪善。我决心对自己坦诚，决心正视自己的伪善与不安。我永远也忘不了自己做决定的那一刻，在那一刻，突然有股能量贯穿全身，充满了力量与自信。我决定真正领导我的部门重新走向辉煌。我开始了更具战略性的思考。这一决定仿佛让我重获新生。到了这时，我才发现了之前的一段时间到底发生了什么——我每天只是纠缠于日常琐事，根本没有关注那些对全局至关重要的事物。我周围的许多人都只关心自己的事情，大家没有共同的目标，推广策略也只停留在议事日程上，人们常常指责别人，因为他们缺乏自信和安全感。在参加完生命游戏后，我去找老板，向他说明了我的新计划，我说：'我必须这样做，公司也必须这样做，如果你不同意的话，我就可以离开公司了。'让我感到惊讶的是，老板竟然完全支持我的计划，并且还表扬了我。从此，我变成了'一个新人'，我开始真正领导部门。当我自己改变后，我发现在公司有许多优秀的人，他们同样希望能有真正的变革，对于面临的挑战，我们共同寻找解决方案，以前看似难以解决的问题也迎刃而解了。我有时感到惊讶，为什么这一切为什么变得如此轻而易举，我究竟做了什么才带来了这样翻天覆地的变化。我知道，这一切的改变完全是因为我勇敢地说出了自己的不安、自私和懦弱。我真正体会到了'坦诚'的力量。"

面对自己的虚伪,坦诚地说出来会带给我们巨大的力量。当我们坦诚面对自己的虚伪时就会发现,强烈的个人耻辱感会驱使我们做出改变,同时带动他人的转变。罗伯特·奎恩总结出了坦诚会给我们带来的四个转变:

1. 受内心指引。我们开始养成倾听内心声音的习惯,尽力使自己的行为符合价值观,我们也因此而变得越来越有自信,越来越有安全感。

2. 心胸开阔。我们开始打开内心,尝试了解外部更广阔的世界。我们也因此而更加了解自己,我们的能力及思维格局也得到了提高。

3. 关注他人。当我们对自己坦诚时,我们的自信及自尊会不断增长,我们会更有安全感,并因此而变得更无私,会更多的关注别人的利益,同时,由于我们自己变得坦诚、自信,我们变得更值得信任、更有爱心,所以,我们的人际关系会变得更和谐,我们也更能享受到人际关系带来的愉悦。

4. 关注目标。我们坦诚面对自己的价值观及人生目标,并全力以赴地追求有意义的目标。

坦诚能够帮助我们自省,促进个人成长。当我们能够坦诚面对自己的情绪、想法和价值观时,我们会经常有意识地自我反省,从而增进个人成长。

有个朋友向我讲述了他的亲身经历,让我感触良多。以下便是发生在他身上的事情。

曾有段时间,我发现自己喜欢上了一个女合伙人,而她已经结婚,我知道有这种感觉是不应该的,因为这违反我做人的原则。所以，我对自己会有喜欢女合伙人的感觉而感到非常生气甚至觉得羞耻，我根本无法容忍自己有这种感觉。有很长一段时间，我无法接受，每当想起自己会喜欢上女合伙人这件事情就感到非常恼火。可是，我知道如果我不能很好的处理这件事情的话，一定会对工作造成很大影响，所以，我最后选择接受和面对这种感觉。当我全然地接纳了这种感觉后，我开始分析自己为什么会这样。我花了很长时间思考自己为什么会喜欢这位女合伙人，她有哪些特质吸引了我？最后，我发现我之所以会喜欢这位女士，是因为她身上所具备的活泼、调皮、可爱的特质激发起了对童年时代的向往。原来，对这位女士的爱慕之情其实只是一种过去的回忆，明白了这一点后，我终得解脱。同时，那段时间工作太累，压力太大，生活中充满了烦躁，我需要放松，需要活得轻松一些，而此时，这位女士正好具备这种令人快乐的特质，于是我就喜欢上了她。当我坦诚地面对对该女士的爱慕的感觉时，它就成了我自省的工具。通过这次经历，我学习到了非常重要的观念：我们需要向孩子学习，永葆单纯的心。另外我还亲身体验到：任何情绪，不管是正面的还是负面的，都蕴含着非常重要的信息，倘若我们能坦诚地面对自己的情绪反应，就一定会从中有所学习，这样的学习，对个人成长和身心健康是非常重要的。

当我们坦诚面对内心，我们就不再盲目糊涂，从此不再感到疲惫无奈，不再像行尸走肉一样工作和生活。我们的内心重新获得了生气，开始追求内心深处真正想要的东西。我们形成了与周围人不同的价值观和行为方式。当我们接受自己内心的指导时，我们就会开始满足真正的自我，此时的我们才会爱自己并尊重自己，能勇敢地做自己真正想做的事情。

第五节　告别昨天，从头塑造自己

过去的生活，不管有多辉煌或者黯淡，都随着时光般逝去，留给我们的只剩记忆。除此以外，它又能影响你什么呢？生活中总是有一些人整日哀叹过去的痛苦或者咀嚼并满足于曾经的辉煌，似乎生活对他们来说，永远都是过去式。殊不知，一味纠缠于过去，是很难洒脱地走向美好的明天的。

人生不是一成不变的，既然昨天已属于过去，我们就应该告别昨天，向着今天、明天积极进取，让新的黎明抹去昨天的哀愁与喜悦，重筑一片湛蓝的天空。让新的太阳再次普照充满鸟语花香、诗情画意的前程，用新的行动重新谱写比昨天更灿烂、更辉煌的篇章。

很多人往往以为向过去告别很难，其实只要你真正想改变，过去是丝毫不会影响你的未来的。

如果昨天是坎坷，是失败，是泪水，是忧患，我们不应该让昨天的身躯陷入今天的泥潭，否则昨天的伤感会腐蚀我们今天的情绪，昨天的沉重会羁绊今天的步伐。

如果昨天是鲜花，是辉煌，是荣誉，是快乐，是欢笑，我们也不能永驻昨天的辉煌、昨天的荣誉，这会阻碍我们今天的进取。昨天的成功，会羁绊我们今天的启程，使我们丧失继续奋斗的激情和壮志。

在美国新泽西州的一所小学里，有一个由26个孩子组成的特殊班级，被安排在教学楼里一间很不起眼的教室里。他们都是一些曾经失足的孩子，有的吸过毒，有的进过少管所。他们对于学习本身已经失去了兴趣，家长、老师及学校对他们非常失望，甚至还想放弃他们。然而学校里有一位叫菲拉的女教师主动要求接手这个班。菲拉的第一节课，并不像以前的老师那样整顿纪律，而是在黑板上给大家出了一道选择题，让学生们根据自己的判断选出一位在后来能够造福于人类的人。

有三个候选人，他们分别是：a. 笃信巫医，有两个情妇，有多年的吸烟史而且嗜酒如命；b. 曾经两次被赶出办公室，每天要到中午才起床，每晚都要喝大约一公升的白兰地，而且有过吸食鸦片的记录；c. 曾是国家的战斗英雄，一直保持素食的习惯，不吸烟，偶尔喝一点啤酒，年轻时从未做过违法的事。

大家都把票投给了c。菲拉公布答案：a是富兰克林·罗斯福，担任过四届美国总统；b是温斯顿·丘吉尔，英国历史上最著名的首相；c是阿道夫·希特勒，法西斯恶魔。大家都惊呆了。

此时，菲拉语重心长地说道："孩子们，你们的人生才刚刚开始，过去的荣誉和耻辱只能代表过去，真正能代表一个人一生的，是他现在和将来的作为。从现在开始，努力做自己一生中自己最想做的事情，你们都将成为了不起的人。"这番话改变了这26个孩子一生的命运。

过去的一切只能代表过去，未来对于每个人来说，都是一张白纸，如何书写，还得看我们自己。记住，无论你的人生处在怎样的失意和痛苦当中，你也要潇洒地整理好衣襟，抬头向前看。这是人获得成功的一个方法，如果你只知停留在原来的位置，过

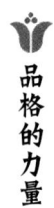

去的烦恼就会一直困扰你，成为前进的绊脚石。

西方谚语说得好："不要为打翻的牛奶哭泣。"是的，牛奶被打翻了，漏光了，怎么办？是看着被打翻的牛奶哭泣，还是去做点别的？要知道，被打翻的牛奶已是既成事实，不可能被重新回到瓶中，我们唯一能做的，就是找出教训，然后忘掉这些不愉快的事情。这就如同人生：人生之不如意，十之八九。无法改变的事，忘掉它；有可能去补救的，抓住最后的机会。后悔、埋怨、消沉不但于事无补，反而会阻碍新的前进步伐。

我们应该平静地面对今天或昨天的成功和失意，因为那都终究将成为过去，只要还有生命，就还有明天，也就还有希望？我们怎么能为了过去的东西而放弃希望，蹉跎岁月，辜负珍贵的人生时光呢？

所以，无论过去你经历了多么痛苦不幸的事情，又或者现在正承受怎样的磨难，都要坚强一些。用最短的时间总结，然后潇洒地迈出昨天的门槛，坚定自信地走向明天，走向未来。

一个女职员早上去上班，却莫名其妙地被老板炒了鱿鱼。中午，她坐在单位喷泉旁边的一条长椅上黯然神伤，她觉得生活失去了颜色，周围的一切都暗淡无光。这时，她发现不远处一个小男孩站在她的身后咯咯直笑，就好奇地问小男孩："你笑什么呢？""这条长椅的椅背是早晨刚刚漆过的，我想看看你站起来时背后是什么样子。"小男孩说话时一脸得意的样子。

女职员一怔，猛地想到：昔日那些刻薄的同事现在不正像这小家伙一样躲在我的身后想窥探我的失败和落魄吗？我绝不能让他们看笑话，绝不能丢掉我的志气和尊严？女职员想了想，指着前面对那个小男孩说："你看那里，那里有很多人在放风筝呢。"等小男孩发觉到自己受骗而恼怒地转过脸时，女职员已经把外套脱了拿在手里，她身上穿的鹅黄毛线衣让她看起来无比青春靓丽。小男孩甩甩手，嘟着嘴，失望地走了。

生活中的失意随处可见，就如那些油漆未干的椅背，会在不经意间让你苦恼不已。但是如果已经坐上了，也别沮丧，以一种坦然的心态面对，脱掉你脆弱的外套，你会发现，新的生活才刚刚开始。

正是在这种不断地告别过去而走向明天的过程中，我们才能不断地摆脱行为的惯性而创造崭新的生活。只有告别痛苦，才会有快乐的到来；只有告别失败，才会有成功的出现；只有告别过去，才会走向明天。

告别昨天，不是放弃和逃避。

告别昨天，是对生命的珍惜和重新诠释。

时钟每摇摆一次，生命中旧的一秒已从你身边溜走。每一秒都是新的一秒，每一刻都是新的起点，每一天你都可以做全新的自己。何不洒脱一点，跟过去大声说："Good Bye！"

第六节　活在当下，把握机遇

西方谚语里有这样一句话："Yesterday is a history. Tomorrow is mystery. Today is a gift。"意思是，"昨天已成为历史，明天神秘不可测，只有今天才是上帝的恩赐，这反映在人生哲学中就是'活在当下'。"

汤尼·布朗是个著名的专业摄影师，他的作品经常出现在国

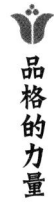

家的报纸和许多杂志上。他这样回忆道:"那件事情发生在20年前。我的工作不顺利,家庭也有问题。有一天下午4点左右,我走在市中心的街上,要去一个客户那儿做简报。突然,我听见一长声喇叭和一个女人的尖叫声,我抬起头看见一辆车正往我面前冲过来。

"一切仿佛像是慢动作一般,我呆呆地站在那儿,充满恐惧地望着冲向我的车,我脑子快速闪过……完了?我死定了?就在这千钧一发之际,我感觉有人抓住我把我往后猛拉。几乎就只差几厘米了,我甚至还感觉到车子擦过我的外套。差一厘米我就会被撞到了,那肯定必死无疑。我转过身,惊魂未定地看着那个救了我一命的人,是一个矮小的中国老人!"

"我真是被那个意外吓倒了,全身发抖地坐在路旁的椅子上。"布朗先生继续说:"那个中国老人也走过来坐在我旁边,还关心地问我伤着没有,我说我还好。'好险。'他说。我说:'我知道,谢谢你救了我一命。'我解释说我过马路时有点心不在焉,他说:'在我的国度里有一个说法:安身立命,活在当下。'

"在那一瞬间,我觉得了我发现了生活的秘密。秘密不是那一刹那,而是'活在那一刹那'。快乐不是你花费生命中的时间去找来的,它是从活在当下里面找到的。"

活在当下,说起来很容易,真正做的时候,却没有几个人能领会到它的真正含义。在很多人看来,活在当下就如同"及时行乐"、"今朝有酒今朝醉"这样的理论一样,是颓废不堪的。他们以未来不可知为借口,大放厥词:"生死有命,富贵在天。"认为一切都是命运,觉得自己的人生轨迹都是老天安排好的。于是，不思进取，消极处世，在尚可掌握的今天里，积极享受，沉溺娱乐，每天都是"做一天和尚撞一天钟"、"过完今天，不想明天"的状态，浑浑噩噩，碌碌无为。其实这样是大错特错的。

正是因为明天的不可预测，才更加彰显出今天的弥足珍贵。如果在可以把握的今天里，不懂得努力奋斗，好好生活，让生命在今天的每一秒里都活得充实而有意义，那以后的每一天，都会被你在碌碌无为、不思进取的低质量生存中白白耗费掉。"人生百年几今日，今日不为真可惜。"即使现在按每个人平均寿命80岁算起，每个人的一生不过两万九千天，减去你已经生活过的日子，算算你还剩下多少个"今天"或者"明天"。明天是不可预测的，谁也知道哪天就是你生命的终点。充实地过一天，生命只会减少一天；而你不努力的一天，则会影响以后生命的很多天。

美国盲人女作家海伦·凯勒在自传《假如给我三天光明》中写道：

"有时我想，要是人们把活着的每一天都看作是生命的最后一天，该有多好啊。这就更能显出生命的价值。"假如你把每一天都当成生命里的最后一天，你还会浪费自己每一天的生命吗？如果你珍视自己的每一天，好好生活，你将在某一天发现原来一切皆在掌握之中。

事实上，在工作和生活的压力中，我们或许常常不知道自己该做些什么。我们时常会感觉儿时的梦想越走越远，未来茫然不可知。看着今天一点一点过去，却不知该如何去做来迎接明天。来看看三只小钟表之间的一段对话吧，或许你会有所启示。

钟表店里，一只新组装好的小钟被放在了两只旧钟当中。看着两只旧钟安静地"滴答滴答"一分一秒地走着，小钟不知如何

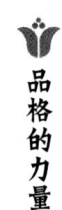

是好。

其中一只旧钟对新来的小钟说:"来吧,你也该工作了。可是我有点担心,你走完3200万次以后,恐怕会吃不消了。"

"天哪!3200万次。"小钟一听这个数字,吃惊不已。"要我做这么大的事?办不到,办不到啊。"

另一只旧钟说:"别听他胡说八道。不用害怕,你只管每秒滴答摆一下就行了,什么都会做到的。"

"天下哪有这样简单的事情?"小钟将信将疑。"如果这样,我就试试吧。"

于是,小钟很轻松地每秒钟"滴答"摆一下,不知不觉中,一年过去了,它已经摆了3200万次。

每个人都渴望梦想成真,但我们之所以没有成功,就因为在我们看来,成功却似乎远在天边遥不可及,懒惰和缺乏自信让我们怀疑自己的能力,放弃努力。其实,我们不必想以后的事,一个月甚至一年之后的事,只要想着今天我该做些什么,要认真做好什么事情,然后努力去完成,就像那只小钟一样,每秒"滴答"摆一下,慢慢地积累,好好地珍惜每一天,明天的成功就会顺理成章地到来。

一天天地过,日子可能不好过,可是一分一秒地过,日子可就轻而易举了。当我们把每件事都切成一小段一小段时,所有的事都会变得很容易。如果你真正地活在每一刻,你就没有时间后悔,没有时间担忧,而是让自己专注在眼前的时光中。

如果我们要快乐,就必须学会感激我们所拥有的——此时此刻所拥有的。今天的抉择会造成明天的事实,我们必须学会当事情来的时候抓住它们,当它们走时及时放手。就像苏格兰的散文及历史学家汤姆斯·莱尔所写的："我们该做的不是看着远在天边的东西，而是做已经在手上的事。"如果我们把焦点放在远方的未来，就可能会变得患得患失。许多人成天都在担忧那些还没有发生，甚至可能永远不会发生的事，并常常为此而忧愁，用个传统成语来形容就是"杞人忧天"。

我们不能预测明天，但可把握今天，把握现在，所以请活在当下。一次只专注于一刻，这是克服忧虑和恐惧的最好方法。基督徒在饭前会这么说："感谢主赐给我今天的面包和食物。"注意，不是明天的面包或上个礼拜的面包，而是今天的面包。千年的社会历史证明，人们想要从悲剧中活下来的方法就是，只关注今天的生活。这样古老的哲学思想可以让我们度过人生最艰难的时刻，从而怀着希望去面对未知的明天。

所以从今天起，把你心思的焦点放在眼前，而不要再去管你已经做了或将要做的事上。只有活在当下，才有可能创造出我们想要的未来。每个时刻都提供我们许多选择，而这些选择则构成了我们的结局。思想是行为的种子，行为创造了习惯，习惯形成了性格，而我们的性格则创造了我们的结局。

如果你不是活在当下，你会让很多的机会与你擦肩而过。虽然事先的行动计划是我们做所有行动的要素，但是，当你做这件事时，别计划着另一件事，而当你计划着这件事时，也别做着别的事。不管你想或做什么，就应该好好地把焦点放在你当前所想或所做的事情上。当你和人谈话的时候，就一心一意地谈话；当你工作的时候，就把思想集中在工作上。

想要一个完美的人生，那就好好地度过你生命中的每一刻。就如苏联著名的作家奥斯特洛夫斯基所说的那样："人的一生应当这样度过:当一个人回首往事时,不因虚度年华而悔恨,也不因碌碌无为而羞愧。"尽可能去收藏更多的特别时刻。活在当下可以避免悔恨,让你克服焦虑,减少压力。

每一天都是个新的开始,一段崭新的生活。学会活在美好的今日中,而不是永远活在对明天的空想和对过去的留恋中。活在当下,把握现在,把握今天。

第七节　改变自己,就从现在开始

习惯是成功的一个重要因素。好习惯使人成功,而坏习惯则让人颓废。心理咨询专家研究发现,一个人工作、学习的好坏,20%与智力因素相关,80%与非智力因素相关,而在信心、意志、习惯、兴趣、性格等非智力因素中,习惯又占有重要位置。有人曾做过这样一个测试,让3个人完成同样一件事,其结果却因为每个人工作习惯的不同而相去甚远。在我们身边,这种事例不胜枚举。好习惯让我们减少了思考的时间,简化了行动的步骤,让我们更有效率;而坏习惯使我们封闭保守,自以为是,墨守成规。遗憾的是,在我们的学习生活中,习惯固守常态的力量往往控制了我们,超过了追求改变的力量。

尽管大多数人早已习惯了过去的自己,大多数的日常活动都只是习惯而已,如几点钟起床,之后是刷牙、洗澡、穿衣、读报、吃早餐、驾车上班等等,一天之内上百种习惯左右着我们的生活。但我们非常有必要仔细检查自己的习惯,看看哪些是有益的,哪些是无益的,哪些是有害的,然后将无益的、有害的改为有益的，哪怕一个小小的改变，假以时日，必能受益无穷。请记住，有益的习惯将会成为我们受益终生的财富，而无益甚至有害的习惯，则会成为我们前进路上的绊脚石。行动起来，改变就从今天开始……

乌鸦打算飞往东方，途中遇到一只鸽子，双方停在一棵树上休息。鸽子看见乌鸦飞得很辛苦，关心地问："你要飞到哪里去？"乌鸦愤愤不平地说："其实我不想离开，可是这个地方的居民都嫌我的叫声不好听，所以我想飞到别的地方去。"鸽子平静地告诉乌鸦："那我劝你别白费力气了。如果你不改变你的声音，飞到哪里都不会受到欢迎的，如果你无法改变环境，那么你只有改变自己。你若不想做，总会找到借口；你若想做，总会找到方法的。"

这正应了歌德的一句话："最好不是在夕阳西下的时候幻想什么，而是在旭日初生的时候即投入行动。"改变要趁早，不能只是在嘴上说说，迟迟不行动，到头来，白白浪费了一生，一无所成。

一位知识渊博的教授与一位文盲相邻而居。尽管两人地位悬殊，知识水平、性格有天壤之别，可两人有一个共同的目标：尽快富裕起来。教授每天跷着二郎腿大谈特谈他的致富经，文盲在一旁虔诚地听着，他非常钦佩教授的学识与智能，并且开始着手实现教授的致富方法。

若干年后，文盲成了百万富翁，而教授还在空谈他的致富理论。

也许有人会说，我想立即改变现状，但周围的大环境就是这样糟糕，没办法呀。那么他必定是忘了：一个人在面临无法改变

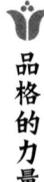

的环境时，他首先要学会改变自己，自己改变了，环境也会随之改变。西方有句谚语："生存决定于改变的能力。"不少人往往是一方面既想改变现状，另一方面又害怕承受痛苦，结果却使自己在矛盾中挣扎，折腾了一大圈又绕回到起点。改变自己是一个痛苦的过程，但是，如果不能承受这一过程，那结局将是更大的痛苦。

很多人都明白世界是不断发展变化的，那每个人也应不断发展变化。要适应瞬息万变的社会，我们必须做出改变，而且，改变必须从今天开始，从自己开始，从每一件小事开始，这样才能获得成功。

我们每个人都知道自己寻求的目标是什么，但如何寻找属于自己的目标，如何面对已经拥有的而且随时可能失去的东西这才是最重要的。变化始终存在，不管结果是好是坏，我们必须接受，并且我们应当明白变化的好坏往往取决于人的适应能力，也就是你准备的充分与否。不管我们怎样选择，都应是随着外界的变化而变化，每天都在变化，也都在顺应着潮流变化。一个成功的人往往能够及时地调整自己去适应变化。

"一切的改变都是可以马上办到的。"人们对于"改变"这个问题所保持的态度，经常是"应当"而不是"必须"，就算是必须，也经常是指未来的"某一天"。要想马上改变，唯一的方法就是在心里保持紧迫感，必须快点着手去做。如何让自己主动去改变呢？一个办法就是让自己的情绪达到痛苦的临界点，让自己觉得不马上改变是不成的。改变要能成功，不是仅仅知道需要改变便算了事，而是得打从心底明白，自己必须这样做才行。如果你曾多次试图改变而未见成效，其中的原因很可能是改变的痛苦还未达到令你无法忍受的程度，而唯有当你达到那样的痛苦临界点时，这时能令你改变的杠杆才会出现。

作为一名职场人士，请从今天开始改变。

在以下"阻碍成功的十大不良习惯"中，如果你有任何一种或几种，请你务必马上着手，从今天开始予以改变：（1）经常性迟到；（2）没有时间概念；（3）注意力分散；（4）抵触情绪；（5）说话、做事比较紧张，健忘；（6）做事毛手毛脚；（7）边吃东西边大着嗓门打电话；（8）不恰当的肢体语言；（9）字迹潦草、语法错误；（10）违反职业习惯。这些坏习惯，虽然是一点一滴的小事，但是如果你从今天就开始行动，强迫自己改变这些不良习惯，长期坚持下去，就可养成成功必备的好习惯，让别人对你有所改观，又能给自己"我能行，我能做到"的自信。在你未来的职业生涯中，它的益处将逐渐显现。

不要再犹豫了，赶紧行动起来，改变就从今天开始！

第八节　为未来谋划，给成功铺路

社会学家曾发出过看似危言耸听的调查报告：当职场上的个人到65岁时，超过90%的人，不是去世，就是财政状况不佳，只有9%的男人和2%的女人能够财政独立，而不到1%的人才是真正拥有财富的。这究竟是为什么？那1%的人到底比其他人多付出了什么？他们比一般人聪明吗？受过更高等的教育吗？工作比较努力吗？还是他们只是比较幸运，被命运之神所特别眷顾？

都不是。真正的答案是，这些人都有奋斗的目标，他们早就

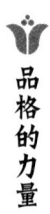

为自己的人生做好了规划。

其实，将来的生活完全是由现在的选择决定的，你现在的行为将直接作用到将来的生活。缺少对未来的规划，你注定要面临困境。

三个人要被关进监狱三年，监狱长答应满足他们每人一个要求。美国人爱抽雪茄，要了三箱雪茄。法国人爱浪漫，要了一个美丽的女子相伴。而犹太人要了一部与外界沟通的电话。三年过后，第一个冲出来的是美国人，嘴里、鼻孔里塞满了雪茄，大喊道："给我火，给我火。"原来他忘了要火。接着出来的是法国人，只见他手里抱着一个小孩子，美丽女子手里牵着一个小孩子，肚子里还怀着第三个。最后出来的是犹太人，他紧紧握住监狱长的手说："这三年来我每天与外界联系，我的生意不但没有停顿，反而增长了200%，为了表示感谢，我送你一辆劳斯莱斯汽车。"

这个故事让我们明白，什么样的选择决定什么样的生活。三个人不同的选择决定了他们不同未来，而我们的境地也是如此。因此，我们要充分考虑到三年后自己的状态，选择接触最新的信息，提前为自己三年后的人生做好计划。只有这样，你才能更好地创造自己的将来。

如果有人上了出租车后，司机问他："要去哪里？"他却回答："我不知道。"假如有的话，这无疑是一件非常可笑的事情。而不为自己设定人生目标的人，和这样的人有什么区别呢？

生命就像坐出租车，谁也不知道你要去哪里。如果你坐车时没有明确的方向，那肯定会迷路，因为没有目标的人必然会迷失。

曾有人做过一个实验：组织三组人，让他们分别沿着三条公路向十公里以外的三个村子步行进发。

第一组的人不知道村庄的名字，也不知道路程有多远，他们被告知跟着向导走就是。可是走了不到一半，就有人出离愤怒了，他们抱怨为什么要走这么远，何时才能走到；再往下去走不久，就有人坐在路边不愿走了，越往后走他们的情绪越是低落。

第二组的人知道村庄的名字和路段，但由于路边没有里程碑，他们只能凭经验估计行程时间和距离。走到一半的时候，大多数人都很迷茫，他们不知道自己走了多远。有经验的人说："大概已经走了一半的路程。"于是大家又簇拥着向前走，当走到全程的四分之三时，大家情绪越来越低落，觉得疲惫不堪，而目的地似乎依然远在天边。这时有经验的人说："快到了，前面几百米的地方就是。"于是大家又振作起来加快了步伐。

第三组的人不仅知道村子的名字、路程，而且公路上每一公里就有一块里程碑，人们边走边看里程碑，他们用歌声和笑声来消除疲劳，情绪一直很高涨，距离每缩短一公里大家便会感觉接近终点的快乐，快乐的情绪消除了旅途的疲劳，他们很快就到达了目的地。

可见，当人们的行动有明确的目标，并且把自己的行动与目标不断加以对照，清楚地知道自己的行进速度和与目标相距的距离时，行动的动机就会得到维系和加强，人们就会自觉地克服一切困难，努力达到目标。

准确地把握好自己的喜好和追求，是走向成功的第一步，而没有奋斗的方向，人们就只能混混沌沌地活着。然而，生活中有一些人非要等到已经迷路时，才发觉自己需要一个目标，到那时

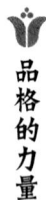

为时已晚，因为你根本不知道自己身在何处。与其这样，为何不在一开始就明确地了解你前进的方向，然后对照地图，弄清能够到达目的地的几条路？这样的人生有着一个接一个的目标，有着详细的计划与时间表，今天的所作所为都在为将来做准备，遇到大的困难时就不会束手无策。而没有目标、没有远虑的人，经常会面对自己所处的状态茫茫然，不知该如何是好。

很多人说："我有目标，我的目标就是要还清欠债，还要养活一家大小，让他们不会饿死。"这样的目标，你觉得如何呢？会让你拥有前进的动力吗？你要的人生，就是这样简单吗？

人们在训练跳蚤时，经常把它们放在广口瓶中，用透明的盖子盖上。这时跳蚤会跳起来，一再地撞到盖子，当你注视它们跳起并撞到盖子的时候，你会注意到一些有趣的事情。久而久之跳蚤会继续跳，但是不再跳到足以撞到盖子的高度。然后你拿掉盖子，虽然跳蚤在继续跳，但不会跳出广口瓶以外。

理由很简单，它们已经适应了这样的生存环境，并调整了自己跳跃的高度。人也应如此，只有给自己设定一个目标，然后改变自己的行为方式，才能一步步接近成功。有什么样的目标就有什么样的人生，所有人都是如此。

要得到一个真正想要的人生，就要设定你真正想要的目标，而不是把那些令你心烦又提不起劲的痛苦的事当目标。比如，你想成为行业中的顶尖人物，做一些不平凡的成就，实现你儿时的梦想，或是赚取多少财富，去哪个国家游玩，与什么人交友，学到什么新技能，拥有一个健康的体魄，都可以当作你的目标。要有充满干劲的人生，就要有一个令你心动的、充满吸引力的长期目标，才会让你拿出行动来设法实现它，这样你才会有快乐的生活。

最好现在就行动起来，仔细考虑未来20年的人生目标——想住什么样的房子，开什么车子，交什么朋友，拥有什么事业，成为什么样的一个人，将你一生所有的目标全部想象一下，并立即把它写在纸上，然后执行它。

换句话说，人的一生必须有长远的计划和努力的目标，制定计划和目标是每一个人现在就应该开始做的事情。虽然有时候你并不能百分之百地按照你的计划去执行，但至少它提供了一个你要完成的目标以及做事的架构、方向和优先顺序，你会因此而远离茫然和无所适从，踏实地走好人生的每一步。

有计划跟没有计划是不一样的。每一个人做计划都旨在成功，如果每一个人照他的计划去做，也都会或多或少地取得想要的结果。没有目标，没有计划，必将面临失败的人生；而有计划有目标，就是在朝成功的目标前进。

第九节　勿亦步亦趋，走出自己的路

每个人都有自己的生活方式和人生道路。你不能控制别人走什么样的路，但你可以选择自己做什么样的人。选择不同，结果各异。我们应该学会在尊重别人的前提下走自己的路，不要因为别人而改变自己的人生轨迹。放弃自我的本色意味着去模仿别人，只会让你的人生变得缺乏意义。那些跟着别人的屁股后面跑，盲目模仿别人的人，多半都是不能成大事者，即使取得了一点成绩，也是没有什么特色的。如果你想要成就一番大事业，请记住这一点,这是所有渴望成功者最忌讳的事情。

　　一个人要试着穿过一片沼泽。虽然这一举动很艰险,但他左闪右跳,竟也找出了一段路来,可好景不长,未走多远,他不小心一脚踏进烂泥里,沉了下去。又有一个人要穿过沼泽地,看到前人的脚印,便想:这一定是有人走过,沿着别人的脚印走一定不会有错。用脚试着踏去,果然实实在在,于是便放心走下去。最后也一脚踏空沉入了烂泥。还有一个人要穿过沼泽地,看着前面两人的脚印,想都未想便沿着走了下去,他的命运也是可想而知的。过了很久,又有一个人要穿过沼泽地,看着前面众人的脚印,他根本没有考虑这些前人的结局,反而以为已有这么多人走了过去,那么沿此走下去他也一定能走到沼泽的彼端。于是他大踏步地走去,最后也沉入了烂泥。

　　世上的路并不是走的人越多了越平坦越顺利,沿着别人的脚印走,不一定都能走出新意,有时还可能会陷入困境。故事中的行路人看似可笑且愚笨,然而现实生活中,我们很多时候,又何尝不是在重蹈别人的覆辙?别人说你这样做不对,你便不敢去做;而大多数人都去做的事,你便亦步亦趋,这就是我们生活中大多数人的真实写照。

　　然而跟在别人的脚印后面,永远都走不出自己的道路。试想,如果当你年老时,回首你的人生道路上,每一步脚印都不过是对前人的重复,这样的人生有什么意义呢?

　　做你自己,这是我们人生路上必然的选择,也是美国作曲家欧文·柏林给乔治·格希文的忠告。柏林与格希文第一次会面时,格希文还是个默默无名的年轻作曲家。然而柏林很欣赏格希文的才华,以格希文当时薪水的三倍请他做音乐秘书。但是同时，柏林也告诫格希文："你要想清楚。如果你接受了这份工作，那么你最多只能成为个欧文·柏林第二。要是你能坚持下去，有一天，你会成为第一流的格希文。"格希文最终没有追随柏林的脚步，而是通过自己的努力彰显了自我的个性，并成为极为杰出的作曲家。

正如世上没有完全相同的两片树叶一样，这个世界上，也没有完全相同的人。我们每个人都是独一无二的奇迹，都是自然界最伟大的造化。只有正确认识自己的价值，对自己充满自信，不断发挥自身的潜力，才能将我们生存的意义充分体现出来。

1842年3月，在百老汇的社会图书馆里，著名作家沃尔多·爱默生正在进行一番演讲："谁说我们美国没有自己的诗篇呢？我们的诗人文豪就在这儿呢！"这位美国大文豪一席慷慨激昂、振奋人心的讲话深深激励着台下的一位年轻人。他就是后来的美国文学大师惠特曼。听完演讲，他浑身升腾起一股无比坚定的力量和信念，决心深入各个领域、各个阶层的生活，去倾听人民的、民族的心声，创作出新的不同凡响的诗篇。1854年，惠特曼的《草叶集》问世了。这本热情奔放、冲破了传统格律束缚的诗集，用新的形式表达了对民主思想的赞颂和对种族压迫的强烈抗议，它对美国和欧洲诗歌的发展起了巨大的影响。

《草叶集》的出版使爱默生激动不已。他对这位美国人期待已久的国内诗人评价很高，他称赞惠特曼德诗歌是"属于美国的诗"，"是奇妙的"，"有着无法形容的魔力"，"有可怕的眼睛和水牛的精神"。

爱默生的赞扬使惠特曼的诗歌知名度骤然提高。但是大众并不那么容易接受惠特曼那创新的写法、不押韵的格式新颖的思想内容，《草叶集》的第二版卖得并不好。然而，惠特曼并没有气馁。

1860年，当惠特曼决定印行第三版《草叶集》，并将补进些新作时，爱默生为市场销量考虑，竭力建议惠特曼取消其中几首刻画"性"的诗歌，惠特曼却不以为然地对爱默生说："删后还会是这么好的书么？"爱默生反驳说："我没说'还'是本好书，我是说删了就是本好书。"执著的惠特曼仍是不肯让步，他对爱默生表示："在我灵魂深处，我的意念是不服从任何的束缚，而是走自己的路。《草叶集》是不会被删改的，任由它自己繁荣和枯萎吧。"他又说："世上最脏的书就是被删过的书，删减意味着道歉、投降……"惠特曼最后坚持自己的看法，没有做任何删改。最终，第三版《草叶集》出版并获得了巨大的成功，甚至还跨越了国界，传播到世界各地。

别人的否定意见常常会扼杀你自己很有创意的想法，因此，要充满自信，敢于坚持走自己的路，不要让自己在别人的议论中迷失方向，从而失去自己的本色。

意大利诗人但丁有句名言："走自己的路，让别人去说吧。"每个人都有每个人的活法，立足点不一样，要敢于以自己独特的方式适应社会，走出自己的风格，走出自己的个性，我们的人生才会是独特而精彩的。

第十节 心有多大，舞台就有多大

命运掌握在自己的手中，人生的目标就像茫茫旷野中的地图，你可以根据自己意愿来涂画。人们常说："一个人追求的目标越高，他才能发展得越大。"可见远大的目标能激发人的潜能，而那些鼠目寸光的人永远不可能站在人生的巅峰。

清晨，一个很喜欢跳舞的农家女孩在白雪皑皑的村子里翩翩起舞，她梦想着有一个真正的大舞台让她尽情地表演，展示她那优美的舞姿。于是，她不停地跳着。终于，她的努力得到了回报，从农家小院跳到了大众舞台，从孤身一人跳到万人共舞……她实现了心中的梦想。

生活就是我们生命中的一个大舞台，你想成为什么样的人，取决于你对自己生命的规划与定位。如果你首先就把自己的生活目标定得卑微而平凡，那你也很难获得向更开阔的事业和人生奋进的可能。

尽可能地让你的目标设定得远大一些吧。只有设定了远大的目标才能充分挖掘你的潜能。一个目标远大的人，即使实际没有达到最终的目标，他也不至于落入平庸，或因没有奋斗过而抱憾终生。

我们都有这样的体会，如果确定只走10公里路程，走到七八公里处往往会因困乏松懈，因为目的地马上要达到了，头脑中那根奋斗之弦不再紧绷；但是，如果要走20公里，在七八公里处，正是斗志昂扬之时。高远的目标给我们留下了较大的奋斗空间，正因为我们掌握了这一空间，我们才不会因自我设限而窒息，不会因达到较低目标后偃旗息鼓，才能积极地追求更大的成功。因此，伟大的歌德说："就最高目标本身来说，即使没有达到，也比那完全达到了的较低目标，更有价值。"

拿破仑也曾经说过一句名言："不想当元帅的士兵，不是好士兵。"

世上成大事者都是因为有一颗"要想当元帅"的野心，最后他们才能够如愿以偿，这种野心我们可以称之为雄心。如果一个人有较高层次的需求，他高涨的欲望在行动中就会表现出积极进取的姿态。反之，长期在低层次需求的环境中生活是不会有什么成就感的，随之而来的是与日俱增的无奈。在很大程度上，一个人的目标决定了他能够达到的程度。你对自己有了较高的期望，你的事业、人生才会达到相应的高度。

有人在高山之巅的鹰巢里抓到了一只幼鹰，他把幼鹰带回家，养在鸡笼里。这只幼鹰以为自己就是一只鸡，它和鸡一起啄食、嬉闹和休息。等它渐渐长大，羽翼丰满了，主人想把它训练成猎鹰，可是由于终日和鸡混在一起，它早就丧失了展翅高飞的愿望，变得和鸡一样，连一般的矮墙都上不去。主人试了各种办法都毫无效果。可见，即使原本是鹰，如果它以鸡的眼光和能力来要求自己，时间长了也会失去想飞的冲劲和能力。

什么样的目标决定什么样的人生。如果你只把目标停留在完成每天的工作、按时上下班、领到每个月的薪水、养家糊口上，那么在你的职业生涯中将很难得到更大空间来展示与成就自己。一位商界精英指出：一个学生，如果只为分数而学习，那么他也许能够得到好分数；但是，如果他为知识而学，那么他不但能够得到更好的分数而且还获得了更多的知识。作为一个职员，如果你只为薪水而工作，你有可能只能得到一笔很少的收入；但是，如果你是为了你所在公司的前途而工作，那么你不仅能够得到可观的收入，而且你还能得到自我满足和同事的尊重。你对公司所作的贡献越大，就意味着你个人所得到的回报就会越多。同样的作为一个商人，如果你为做生意而努力，那么你可能会赚很多钱；但是，如果你想通过做生意来干一番事业，那么你不仅能赚到钱，更可能会干一番大事。

我们在设计自己的职业生涯目标时，不妨尽可能地将自己的目标定得高一些，眼光和气魄放得长远一些。比如你现在是个小职员，不要把目标仅仅定在当上部门主管上，为何不敢于要求自己通过几年的努力达到经理的位子呢？如果你已经是个优秀的中层管理者，为什么不敢去想自己有朝一日能开创自己的大公司，自己当老板呢？只要你的理想和气魄足够大，有什么目标不能实现呢？现在看来仿佛觉得无论如何也难以达成的远大目标，只要你敢想，并且跟随这个目标不断去努力，就一定会让它在将来的某一时刻得以实现。只有那些拥有远大目标的人才能够取得伟大的成功。只追求低目标的人，所得亦只能很低。远大的目标会让你集中精力，充满干劲，聚精会神地去做自己的事情，而这正是成功的关键。

什么样的目标决定什么样的人生，凡成大事者必先有吞食天地的野心和远大目标。放长目光，你会扩大一片人生舞台。短浅的目标与狭隘的视野，只会限制你的生活向更大的空间发展。

鹰击长空，是因为志在蓝天；志存高远，人生才会灿烂辉煌。

第十一节　命运就在自己手中

美国文明之父爱默生有句名言："靠自己成功。"这句话影响了一代又一代的美国人，那些从英国统治下独立的殖民地国家的人民也在典型的美国个人英雄主义影响下，迅速把这个国家建设成为当今世界上的超级强国。任何事都不要指望别人，在这个世上，最能让你依靠的人是你自己。在大多数情况下，能拯救你的人，也只能是你自己。

在生命的旅程中，有时候我们难免会陷入各种危机中，而要摆脱这些危机，不要老幻想从别人那里得到帮助，要学会靠自己拯救自己。

有一天，一个农夫的一头驴不小心掉进了枯井里，农夫绞尽脑汁想办法要救出驴子，但几个小时过去了，驴子还在井里痛苦地挣扎着。最后，这位农夫决定放弃，他想这头驴子年纪大了，不值得大费周折去把它救出来，不过无论如何，这口井还是得填埋起来。

于是农夫便请来左邻右舍帮忙一起将井里的驴子埋了，以免除它的痛苦。农夫的邻居们人手一把铲子，开始将泥土铲进枯井中。

当这头驴子察觉到自己的处境时，刚开始叫得很凄惨，但一会儿之后驴子就安静下来了。农夫好奇地探头往井底一看，出现在眼前的一幕令他大吃一惊：当铲进井里的泥土落在驴子的背部时，驴子的反应令人称奇——它将泥土抖落在一旁，然后站到铲进的泥土堆上面。就这样，驴子将大家铲在它身上的泥土全部抖落在井底，然后再站上去。

很快地，这只驴子便得意地上升到井口，然后在众人惊讶的表情中快步地跑开了。

我们人生就和这头驴子一样，当我们放弃悲观与消极，明白只能依靠自己来进行自我拯救的时候，命运才有可能在山穷水尽之际，给我们绝处逢生的惊喜。作为高等动物的人类，对于此番自我拯救理论的理解，不应该逊于动物的求生本能吧？

如果你想摆脱危机并有所成就，请记住这个忠告：最能依靠的人，只能是你自己。

在这个世界上，聪明的人并不少，而成功的，却总是寥寥无几。很多聪明人之所以不能成功，就是因为他在已经具备了不少可以帮助他走向成功的条件时，还在期待能有更多一点成功的捷径摆在他面前；而能成功的人，首先就在于他从不苛求条件，而是自己为自己创造条件——就算他只剩了一只眼睛可以眨。

命运掌握在你自己的手里，只有你自己，才是命运的主人。想要获得好的生活，实现人生的梦想，你就要握紧自己的命运，依靠自己的力量去拼搏。所以不管在什么时候，请牢记这句话："只有自己才是最靠得住的。"所有成功的秘诀，就在于——自我奋斗，除此以外，别无他法。